手绘的美

时装画创作技法从基础到风格

李叶红　著

中国纺织出版社有限公司

内 容 提 要

本书以技法和经验分享为主，第一部分从东方和西方两个角度介绍了时装画的特点和分类；第二部分讲解了基本的绘画工具；第三部分着重分析了包括比例和动态在内的时装画人体、头部和面部的表情与妆容，手部、足部以及佩戴首饰的画法；第四部分讲解了草图构思和灵感创意的实现方法；第五部分为绘画步骤与技巧，包括面料的质感、配色和人物组合表现；第六部分是作品的系列化表达，以中国式造型和趣味性、情节性的作品为主；最后分享了现在流行的时装画风格，以多维度激发读者的设计灵感，实现个人风格。

无论是已有一定基础的专业人士，还是初学者都可以通过阅读本书建立自己的手绘风格；无论是服装作品集的绘制创作，还是想从事时尚插画的自由职业，都可以从中获得启发。

图书在版编目（CIP）数据

手绘的美：时装画创作技法从基础到风格 / 李叶红著 . —— 北京：中国纺织出版社有限公司，2021.4

ISBN 978-7-5180-8349-7

Ⅰ.①手… Ⅱ.①李… Ⅲ.①时装－绘画技法 Ⅳ.① TS941.28

中国版本图书馆 CIP 数据核字（2021）第 023395 号

责任编辑：谢冰雁　　责任校对：江思飞　　责任印制：王艳丽

中国纺织出版社有限公司出版发行
地址：北京市朝阳区百子湾东里 A407 号楼　邮政编码：100124
销售电话：010—67004422　传真：010—87155801
http://www.c-textilep.com
中国纺织出版社天猫旗舰店
官方微博 http://weibo.com/2119887771
北京华联印刷有限公司印刷　各地新华书店经销
2021 年 4 月第 1 版第 1 次印刷
开本：889×1194　1/16　印张：13
字数：150 千字　定价：79.90 元

PREFACE 1

序1

今年五月，叶红的先生小周与我提起叶红近来正在忙于撰写一本有关时装绘画技法的新书，想让我为其作序，听到这个消息我感到十分高兴并欣然答应了下来。斗转星移，一转身夏天便成为了故事，人们开始仰望秋的风景，可为书写序之事虽一直记在心里，但身子却总是坐不下来，今天叶红又来信息说"出版社就等您的序了……"，看来必须马上提笔，不能因我而影响叶红著作的出版。

叶红 2004 年本科毕业于苏州大学艺术设计学院（也就是原先的苏州丝绸工学院），与我是校友，2007 年她又以优异成绩考入深圳大学艺术设计学院修读硕士研究生，并选我为导师，这样亦师亦友地相处了三年，她让我领略了"惟楚有才"的真正含义。她毕业后我介绍她去了一所广东高校任教，零星地可以听到其学院领导与同事们夸她业务能力强，为人低调，工作认真等好的评价。之后她因家庭原因迁往江南名城无锡任教。

叶红要出的书名为《手绘的美：时装画创作技法从基础到风格》，按她自己的说法用去了近三年的精力，其实叶红在服装设计方面的知识与才能比较全面，但服装的艺术表现技法能力在她所掌握的知识中应为强项，她在读研期间和工作之后参加的各类服装设计比赛中都取得了好的成绩。尤其是参加由中国美术家协会服装艺委会举办的"中国服装画大展"活动，她每届都能拿出优秀的作品，得到业内专家评委们的夸赞，她所创作的时装插画常常被各大品牌企业笃爱并寻求与其合作。其实这本书的出版凝聚了她长期在时装画领域的修为和刻苦锤炼，虽然她谦虚地说这是她在专业路上蹒跚学步的第一本著作，很不成熟，希望老师以序为其加持，我当然非常乐意以序来见证她的成长，相信当此书出版与大家见面时一定会得到同仁们的喜爱。

吴洪教授

中国美术家协会服装设计艺委会主任

2020 年 8 月 20 日于上海

PREFACE 2

序 2

叶红的书就要出版了，我非常高兴。

她让我给她写几句话，我总是在犹豫，没有答应下来，磨磨蹭蹭，拖延到了出版的前两天。我总觉得，表扬的话由我来说好像不合适，会一不小心夸过了头。当然，在编书的这个难产过程当中，我见证了每一行字每一幅图的出生与修剪。在书后来分享她的欢喜，似乎又是我来说最合适。

参加第一、二届中国时装画大赛获奖以后，她的兴趣点也就被勾起来了。随着画时装插画多了起来，画面从单个人到多个人，再到有情境叙事，逐渐复杂。在这个过程中她没有在高大上的哲学、美学上好高骛远，而是一门心思地沉浸在勾画的乐趣当中，推敲着每一根线、每一个结构、每一个形。慢慢地，她逐渐在表现语言的线、形、色、构图、材质选择等方面有了自己的一些理解。也慢慢地发掘出了自己的创作方法、创作节奏、创作状态，艺术探索必须构建起自己的语言。我觉得厘清了技术语言上的定位会是一个很好的开端，这本书的出版是她前进路上踏下的第一个脚印，祝愿她越画越自由。

我对于时装插画是个门外汉，因为和我用毛笔在宣纸上画的特点相隔似乎太远了一点。于是，以我的视角谈点感受，这是希望起到镜子的作用，做个参照而已。

周乾华博士
庚子酷暑于近水楼台

CONTENTS

目 录

**第五章
表现步骤及
技巧
089**

第一章
概述

1.1　时装画的定义

　　时装画（Fashion Illustration）是一种关于时尚服饰的绘画。对于绘制者而言，它是创作者对时尚的认知与理解，也是设计师将自己内心的想法和情绪通过纸笔宣泄出来的方式。它更是一种创意，这也是时装画最有挑战也是最有意味的一部分，它将不完美的形象变得完美，将无趣变得有趣，美化人们的日常生活。创作者可以置身于故事之中，编撰各种可能与不可能的情节，讲述专属于自己的那一份华彩。

1.2　时装画的特点与分类

　　时装画主要分为两大类：一类是在服装设计中广泛应用的服装效果图，以服装的款式、色彩、结构为主要表现内容。这一类主要是为了实现设计师对服装设计与创意的预想，实用性较强。另一类为时装插画，是商业性与艺术性结合的产物。画家在时尚产品中营造各种氛围，加入各种情感故事，向消费者传达品牌的信息并吸引消费者的注意力。

　　相对于服装效果图来讲，时装插画的内容、范畴更加广泛，信息量包容更大，艺术创意性更强。从某种程度上来说反映了人们在这个时代的审美趣味，并预测了未来的流行趋势。

1.3　时装画的历史与现状

1.3.1　我国的时装画历史与现状

（1）我国古代绘画中的服装形象

女性一直以来是绘画的主角，对女性及相关的服饰、生活状态、故事情节的描绘成为了历代画家永恒的表现题材。历朝历代的这些画作虽然在人物服饰上进行了精美绝伦的描绘，但还不能被称为时装画，因为它的出发点不是描绘服装，但我们仍然可以从中看到当时的服装特色。如：我国东晋时期的画家顾恺之，他的《女史箴图》《洛神赋图》《列女传图》等都是以女性为主题，不仅描绘了女性的体态美、神采美，通过他的画作还能够非常明确地看出当时贵族女性的服饰特点。还有唐代的周昉，他的代表作《簪花仕女图》，虽然这张画的主旨是以华丽的色彩和流动的线条表现唐代宫廷妇女悠闲的生活，但是我们还是能通过画面中看到当时女性的发式造型——高耸饱满的发髻加上鲜花的装饰佩戴、服装造型——轻薄的长衫大袖外衣与宝相花图案内裙的搭配……向我们展示了开放、大气、包容的大唐女子着装。

到了宋代则有"宋画第一人"的李公麟为代表，他的人物画线条健拔却有粗细浓淡，构图坚实稳秀而又灵动自然，代表作《仕女梳妆图》人物造型生动、服装服饰质感表现细腻而逼真，是不可多得的仕女画精品。我们可以通过他的这幅画作看到当时流行的红底折枝菊花服饰纹样、女子簪花的习俗、黄金镶玉石的手镯样式、衣缘饰边的图案色彩搭配和人物面部柳眉、细眼、朱唇的妆容特点。

明清两代由于礼教苛制，人物画里的女子大体上也呈现病柳愁容之态，但服装依旧华

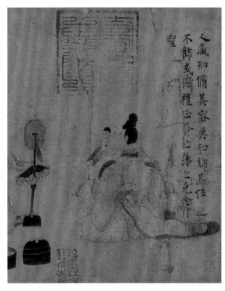

（东晋）顾恺之作品《女史箴图》　　　　　　　　　（唐）周昉作品《簪花仕女图》

（宋）李公麟作品《仕女梳妆图》　　（明）唐寅作品《王蜀宫妓图》局部　　（清）任颐作品《梅花仕女图》局部

丽精致，当时流行的样式有褙子、比甲、霞帔、襦裙、旗袍、云肩等款式。明清时期的代表画家有明代的唐寅和陈洪绶，清代的任熊、任薰、任颐、费丹旭和改琦。

（2）20世纪前期民国时期时尚插画

我国真正意义上时装画的出现是在20世纪20年代的民国，这一时期被誉为中国时尚插画的开端，插画的主要载体为月份牌和生活类杂志。民国是一个"西风东渐"的时代，西方的思想文化与生活习俗通过各种方式传入东方，并与东方文化不断碰撞从而形成了兼具中西方文化特点的民国文化。这一时期人们的着装也发生了巨大的改变，中国的传统服饰慢慢呈现消退的状态，取而代之的是西装、长衫和改良的旗袍。

月份牌和生活类杂志成为这一时期最具影响力的宣传媒介，由于当时摄影技术还不够发达，因此绘画在这二者传播中充当着无可替代的角色。这两类媒介画面均以"摩登"的女郎、新潮的服饰为主要表现对象，画面色彩艳丽，内容表现直白，能最大程度地吸引人们的注意力，成为人们竞相模仿的对象。因此无论是商品百货，还是期刊杂志，都大力启动这种"时尚美人儿"的宣传模式，通过美女和新潮时尚的吸引力来促销商品，可见月份牌和生活类杂志上的"美女绘画"成为了中国最早的时装画。在这一时期最有代表性的插画家有：郑曼陀、关蕙农、杭穉英、金梅生、叶浅予、方雪鸪、张碧梧。

◆郑曼陀

郑曼陀（1888—1961），名达，字菊如，笔名曼陀，安徽歙县人。中国近代广告擦笔绘画技法的创始人，民国时最杰出的广告画革新者。陆续创作了《杨妃出浴图》《四时娇影》《醉折花枝》《舞会》《在海轮上》《架上青松聊自娱》等描绘历史人物和摩登女性生

郑曼陀（1888～1961）

郑曼陀绘月份牌作品

活的、脂粉气极浓的作品。

◆ 关蕙农

关蕙农（1878-?），名超卉，晚号觉止道人，南海人。有"月份牌画王"的美称。受聘《南华早报》，任美术印刷部主任。他笔下的月份牌美人是一种完全不同的美，别样的旖旎，别样的娟秀，将高贵、时尚、知性、精致的民国女性之美表现得淋漓尽致。

◆ 方雪鸪

方雪鸪，又名方之庆。上海著名画家，肄业于上海美术专科学校，1924年与陈秋草、

关蕙农（1887～?）

关蕙农绘月份牌作品

方雪鸪代表作《初夏寝衣新设计》

方雪鸪代表作《春季新装设计》

潘思同等创办了有"上海最早之职工业余美术学校"之称的白鹅画会。1926 年参加了中国第一个漫画家团体"漫画会"，同年与陈秋草合绘刊行（女性）《装束美》画册，1934年与陈秋草创刊主编《美术杂志》，为民国美术期刊出版物中之精致豪华本，由良友图书公司出版。曾与陈秋草创作合编《秋草雪鸪粉画集》。

民国时期，上海的服装设计工作多由画家兼任，方雪鸪是其中颇有影响力的一位。作为我国近代著名的画家兼服装设计师，他在服装画领域成果丰硕，并在《良友》《大众画报》《美术杂志》《妇人画报》《今代妇女》《白鹅艺术半月刊》与《新新画报》等报刊上发表过大量的服装画作品，表现性极强。

1.3.2 西方的时装画历史与现状

（1）西方最早的时装画出现在铜版画中

在西方出现最早的时装画是文艺复兴时期的铜版画。这些铜版画与以往的绘画最大的不同就在于它纯粹是为了表现异国的人物着装。如 1590 年出版的《世界各地风情》（*De gli habidi antichi di diverse parti delmondo*）以 420 幅铜版画表现了欧洲各国以及东方国家的服装。1598 年出版的第二本专辑又用了 20 页的篇幅介绍了非洲和亚洲国家的服装。

铜版画由于其可复制的特性因而被广泛地应用与流传，成为当时流行时尚的载体。最早在历史上留下姓名的时尚版画家是 17 世纪中叶英国的温思劳斯·荷勒（Wenceslaus Hollar），他以服饰品为题材创作的作品非常精美，尤其善于用明暗关系刻画织物的质感。

随着"太阳王"路易十四的出现，这位热爱服装、热爱艺术并一生致力于美的君主

温思劳斯·荷勒铜版画作品

路易十四画像

主宰了法国乃至整个欧洲的时尚，他身体力行地创造并推动着时尚的流行。并且，在他执政期间的 1672 年诞生了世界上最早的时尚杂志《风雅信使》（Le Mercure Galant），这本刊物主要将法国的时尚推广到欧洲各国。其后，法国于 1678 年发行了《新风雅信使》（Nouveau Mercure Galant），1777 年发行了《法国时尚画廊》（Galerie des Modes et des Costumes Frangais），1785 年发行了《时尚衣橱》（Les du Cabinet des Modes），并在 1775 至 1783 年的 8 年间发行了一部贯穿 18 世纪法国女性日常生活的时尚插画册 Le du Monument du Costume。随着时尚出版业的发展，时尚版画的水平也逐步提高，尤其是手工水彩上色和铜版画的结合，使画面更加生动而鲜活。

（2）19 世纪新艺术运动风格影响下的时尚插画大师

19 世纪，随着新艺术运动的到来，时尚插画历史中重要的一些人物出现了，他们分别是捷克斯洛伐克的阿尔丰斯·穆夏（Alfonse Maria Mucha）、美国的查尔斯·吉布森（Charles Dana Gibson）、法国的艾特雷（Etre）和保罗·波列（Paul Poiret），他们开创的绘画风格对当时时尚领域的影响都是前所未有的。

◆阿尔丰斯·穆夏

阿尔丰斯·穆夏（1860—1939）波西米亚人，出生在捷克，成名于巴黎。他是一个涉猎广泛并且多产的艺术家，在油画、插画、雕塑、珠宝设计、室内装饰设计等领域均有杰出的作品。穆夏一生当中创作了大量的商业插画，并取得了巨大的成功。他的画作古典

阿尔丰斯·穆夏作品

而唯美，多用柔美而充满律动感的曲线来进行画面的组织与构成，是新艺术运动的代表人物。他的作品通常以表现女性为主，人物的造型风格带有浓郁的古希腊雕塑的特点，脸庞端庄优雅而充满性感的气息，体态丰腴而纤长，多用衣裙褶皱和自然花卉来进行结构的表现和美化。画面的背景喜欢运用色彩明丽的自然风景与装饰图案纹样相结合，达到重叠交错而富有装饰性的目的，使画面中的女性犹如女神游历在仙境和人间。

◆查尔斯·吉布森

查尔斯·吉布森（1867—1944）是美国19世纪最著名并且在商业上最成功的插画画家。他的插画作品题材很多，之所以把他和时尚联系起来是因为他创造了非常著名的

查尔斯·吉布森作品

"吉布森女郎"（Gibson Girl）形象。吉布森女郎是他以妻子为模特创作的经典形象，这一形象后来成为了美国新资产阶级女性心目中的理想女性。新女性不仅漂亮而且在教养方面绝不比欧洲女性差；她虽没有贵族头衔，也没有世袭的财产但她却有朝气蓬勃、独立自主的精神；她不受传统礼教的束缚，自由而勇敢，作为女人已不再是男人的附庸，而是具有独立人格的新时代个体。

吉普森的作品多是黑白两色，工具以钢笔为主。运笔直接而爽利，运用不同程度的疏密效果来进行画面氛围的营造，注重画面的光影效果与人物的立体感。蓬松的高发髻、紧身胸衣状态下的细腰和夸张的"S"型曲线成了吉普森女郎的标志造型。她们出现在酒会、餐厅、戏院、郊外，自由戏谑或趾高气扬地与男性在一起，都凸显了新时代女性社会地位的提升与新民主时代的来临。

◆艾特雷

艾特雷（1892—1990）出生在俄罗斯，成名于法国，是一位涉猎非常广泛的艺术家。其涉猎的范围包括时装、珠宝、服装、平面设计、电影、歌剧、室内装饰设计等门类。1915 年，他开始了与时尚杂志《时尚芭莎》（Harper's Bazaar）的合作，并由此开始了他辉煌的插画职业生涯。1915 至 1937 这 22 年间，艾特雷为《时尚芭莎》杂志绘制了超过 200 期的封面插画，以此奠定了他在时尚插画界重要的地位。他的插画作品充满了奇幻色彩和神秘的异国风情，是装饰主义风格的代表人物。从他的画面来看，用线

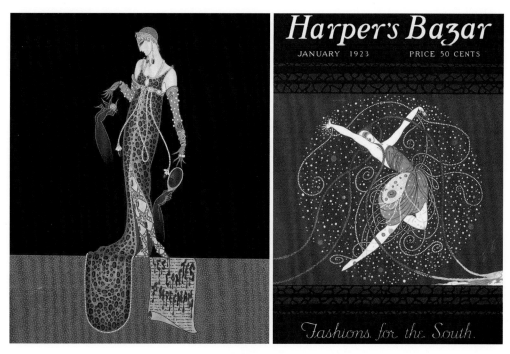

艾特雷作品

凝练、清晰没有多余的废线,用色华丽而明快主要以平涂的手法为主。他所绘制的插画人物不仅在画面效果上进行了深入的探讨,还在服装的结构、人物背景及道具上进行了巧妙的设计与安排。他设计的服装结构虽然复杂但是组合非常精巧,在细节和配饰上越能发现其巧思。他是一位综合能力极佳的插画大师!

◆保罗·波列

保罗·波列(1879—1944)出生于巴黎,成名于巴黎,在巴黎度过了最辉煌的时光,也度过了最惨淡的时光。保罗·波列对于服装史是具有划时代意义的人物,他废除了紧身胸衣,使妇女从长达上千年历史的紧身桎梏中解放出来,让女性能够自由地呼吸和活动。他把服装变得宽松、简洁,在服装中注入了多种文化的设计灵感如:古希腊风格、文艺复兴风格、俄罗斯风格、穆斯林服装风格、日本和服风格……使服装变得多元化、多样化。同时他还发明了肉色丝袜、霍步裙、灯笼裤等。这些具有革命性的设计创举引领了19世纪末20世纪初的流行,具有里程碑式的意义。

保罗·波列不仅是一位才华卓越的设计师,也是一位成功的商人,有着极高的管理能力——他将优秀的年轻艺术家引入到自己的企业中,实现了时装界与艺术界的连接。1908年,波列考虑到自己全新的前卫设计需要一个更新的形式来进行展示推广,便找到了时尚插画家保罗·爱罗比(Paul Iribe)来绘制宣传手册《保罗·波列裙装设计集》。保罗·爱罗比采用了前所未见的表现手法,例如在黑白的背景上运用半侧面的方式来表现人

保罗·波列作品

物形象，或是人物背影来表现服装款式等，这一全新的形式获得了巨大的成功。1911 年波列又聘请了当时赫赫有名的时装插画师乔治·勒佩普（Georges Lepape）为自己第二本宣传手册《保罗·波列设计集》绘制插画。这两本设计集的出现不仅为波列的服装事业带来了巨大的收益，推广了他的知名度，同时也为时装插画历史留下了美好的篇章。

（3）20 世纪前期装饰运动时期时尚插画及其代表画家

装饰艺术（Art Deco）运动一词出自于 1925 年在巴黎举办的一个大型的装饰展览，这个展览旨在展示一种"新艺术运动"之后的建筑与装饰风格。从思想和意识形态方面来看，"装饰艺术运动"是对矫饰的"新艺术运动"的一种批判，反对古典主义的、自然的、单纯手工艺的趋向，主张机械化的美。它结合手工艺和工业化的双重特点采取设计上的折中主义立场，设法把豪华的、奢侈的手工艺制作和代表未来的工业化特征合二为一，产生出一种可以发展的新风格来。

新艺术运动时期的时尚插画家画风细腻带有明显的女性化气息，并受到日本绘画的影响，造型多用曲线。但是到了装饰运动时期时装画的风格变得越来越趋向于简约，强调色彩明快和构成感，线条清晰，大量采用折线、成棱角的面、产生高度的块面装饰效果。这一时期人物形象被夸张得更加修长，奠定了现代时装画 8-12 头身的身高标准。在这个时期主要的代表画家有爱德华多·贝尼托（Eduardo Garcia Benito）、乔治·沃尔夫·普兰克（George Wolf Plank）和乔治·巴比耶（George Barbier）等。

贝尼托为 *Vanity Fair* (《名利场》) 和 *Vogue*(《时尚》) 杂志绘的插画作品

（4）20 世纪中期时尚插画的繁盛时期及其代表画家

从 20 世纪 20 年代至 50 年代被称之为时尚插画的繁盛时期。因为在这个时期插图绘画还没有受到摄影的冲击，而时尚出版业却空前繁荣，当时在欧洲和美国除了有 *Vogue* (《时尚》)、*Harper's Bazar* (《时尚芭莎》) 等这样全球发行的一流刊物外还有很多专业类的时尚期刊,除此之外还有很多的时尚品牌也需要大量精美的广告插图。这些都为时尚插画师们提供了展示才华的机会和平台。

在这一时期欧美现代主义思潮也在不断的推演之中,经过了"立体主义""野兽派""达达主义""超现实主义"等流派。并且有很多的绘画艺术大师也偶尔参与到时尚绘画的行业中来,如毕加索(Picasso)、马蒂斯(Matisse)、莫迪里阿尼(Modigliani)、布朗库西(Brancusi),尤其是萨尔瓦多·达利(Salvador Dali)都曾经帮欧洲的丝袜品牌、服装品牌、时尚杂志等进行过大量的插画创作,为时尚插画带来了很深远的影响。

20世纪30年代至40年代涌现出了很多杰出的时尚插画家,其中风格最明显、影响力最大的有马塞尔·沃赫雷(Marcel Vertès)和黑内·布歇(René Bouche)。

马塞尔·沃赫雷的作品十分富有魅力,他善于用松散而随意的笔触来表现人物的状态和表情。同时他的色彩运用也非常漂亮,组合搭配时尚感极强。当我们透过他的线条和色彩能够感受到一种时尚、唯美、高雅的气息。

黑内·布歇从15岁起就是时尚界的天才少年。30年代,他开始为康泰纳仕(Condé Nast)集团工作,并奉献那些风华绝代的时尚插画。天赋与艺术造诣,让他很快将人物画的技巧和时尚融合起来,成为杰出的插画大师。他的插画线条流畅,色调成熟,构图完整,甚至很多时候在表现时尚的同时还具有故事剧情和年代背景。

马塞尔·沃赫雷作品

黑内·布歇作品

（5）20世纪中后期时尚插画的衰落时期及其代表画家

1948年美国发明了无粉腐蚀法，照相制版开始获得广泛的使用，使得照片可以大量的出现在杂志当中。大众的审美喜好也因新技术的到来开始转变，更加偏爱于照片的写实、精细和清晰感。于是时尚插画走向了其将近40年的衰落期。然而在这段时间里仍然有一些令人尊敬的时尚插画家用他们的才华和坚持活跃在时尚领域。为时尚和我们带来了非常优秀的审美体验。这些大师包括黑内·戈胡（Rene Gruau）、埃德蒙德·齐拉兹（Edmond Kiraz）、安东尼奥·洛佩兹（Antonio Lopez）。

黑内·戈胡　　　　　　　　　　　　　安东尼奥·洛佩兹

◆**黑内·戈胡**

黑内·戈胡（1909—2004）是20世纪全球最具影响力的时尚插画大师之一。他出生于意大利，1948年曾经与 *Harper's Bazar* 有过一段时期的合作。但是最著名的代表作是与迪奥品牌合作的"NEW LOOK"广告插画。并在其后的1950年间与迪奥建立起合作伙伴关系，绘制了大量的精美而有创造力的插画。他同时也为巴伦夏加、夏帕瑞丽、纪梵希等著名高级时装品牌绘制了广告插画。除了与时尚界合作之外，他还为巴黎著名的"丽都"夜总会和"红磨坊"绘制了很多惊世骇俗的广告插画。黑内·戈胡拓宽了时尚插画的应用领域，使时尚插画不仅仅是一种表现、传达服装设计的手段，更让人觉得是一种艺术形式。这种艺术形式不仅出现在杂志的封面和内页中，它更是巨大时尚业中营销方式的重要组成部分，他让人们认识到没有插画的广告圈是不完整的。并且黑内·戈胡还向人们展示了手绘时尚插画是一种"视觉的奢侈品"。

黑内·戈胡的画风大胆奔放具有强烈的画面对比关系，尤其注重人物外轮廓线的强调与表达。并借鉴了伯纳尔和劳特莱克的绘画风格，其后又受到日本浮世绘大师歌川广重及

黑内·戈胡作品

中国水墨画的影响。"时光不淡浓墨，潮流不洗风格"，色彩运用浓郁而明快通常以大面积净色为背景来衬托主体人物，达到一种主次极为分明的强节奏美感。

他曾说："线条就是我的风格。一条线，是所有艺术的基础。一条单线就可以勾画出大小、高贵与否的感觉。"无论从设计师的角度还是从画家的角度，黑内·戈胡都为后人提供了理解时尚艺术这一抽象事物的崭新视角。

◆埃德蒙德·齐拉兹

埃德蒙德·齐拉兹于 1923 年出生在开罗，父母是美国人。二战后他移民到了法国巴黎，刚开始的职业是作为一个政治漫画家。1959 年他开始为法国杂志 *Jours de France* 工作，于是他绘画的内容也从政治题材转向漫画人物表现。随着时间的推移，他的幽默揶揄风格开始稳定和成熟起来，并以此创造了一个属于自己的标志性角色，他叫她"LES Parisiennes"巴黎女郎。"巴黎女郎"们通常身材修长纤细并拥有着标志性的大长腿、性感而妩媚，一个满不在乎的眼神，举手投足间自然流露的媚态，还有她们任性、自我的本能，总是徘徊在天真与狡猾之间，叫人忍俊不禁而爱不释手。齐拉兹说："我的艺术灵感都来自于巴黎街头，看两个女子坐在露天的小咖啡馆里，一边喝咖啡，一边聊天，真是一件让人非常着迷的事情！"

60 年来齐拉兹为《法兰西日报》（1964—1987）、*Gala*（1995—2000）、*Vogue*

埃德蒙德·齐拉兹作品

《魅力》《花花公子》等杂志绘制了大量精美的插画，还有妮维雅（Nivea）等知名时尚品牌。

◆安东尼奥·洛佩兹

安东尼奥·洛佩兹（1943-1987）是在时尚插画整体上处于低谷的20世纪60年代到80年代这30年中，唯一一位没有被照片的潮流所淹没，反而大放异彩的插画家。安东尼奥·洛佩兹的插画作品准确捕捉了20世纪六七十年代的时尚。他喜欢采用多种材料进行创作：墨水、木炭、水彩、偏光膜、甚至是宝丽来胶片，都是他喜爱的工具。而他的作品的灵感风格同样丰富多彩，不论是古典主义、超现实主义还是迷幻主义，他都能用利落挥洒的笔触和浓墨重彩的色块轻松呈现。这种张力十足的创作方式为作品注入了非凡的生命力，也成为这一时期叛逆性服饰的象征。

安东尼奥·洛佩兹1943年出生于波多黎各，在他7岁的时候，全家移居纽约。这个每天帮助母亲刺绣，为父亲公司旗下模特化妆的小孩子一开始全力以赴地希望能成为一名优秀的舞蹈家，却阴差阳错投向了绘画的怀抱。12岁的他获得了特拉普根时装学院（Traphagen Schoole of Fashion）服装设计专业针对青少年的奖学金，由此开启了他在时尚创作上无与伦比的精彩生涯。但真正让他在时装领域名声大噪并为人熟知的，是他在20世纪60年代到80年代期间与他在纽约时装技术学院（FIT）认识的老朋友 Juan Ramos 合作的一系列时尚作品。二人通过摄影和绘画的完美结合为当时时尚界的 Icon "偶像" 们留下了独一无二的作品，那些被拍摄创作的潮流先锋们还有一个有趣的名字 "Antonio's girls"。

安东尼奥·洛佩兹作品

（6）20 世纪末至 21 世纪初期时尚插画的复兴和多元化时期及其代表画家

在 20 世纪的后半叶，时装插画一直面临挣扎求生的境遇，直到 80 年代，迎来了自己的复兴。这一复兴可以从以下几个表象体现出来：一批新生代的艺术家通过 *La Mode en peinture*（1982 年）、《名利场》（*Vanity*，1981 年）、《视觉大富翁》（*Visionnaire*，1991 年）等杂志的平台而声名鹊起；纽约帕森斯学校、纽约时装技术学院、伦敦中央圣马丁艺术设计学院、伦敦时装学院开始开设时尚插画课程；并先后培养出一批著名的时装插画家，如格莱蒂斯·派林特·帕尔玛、玖·布洛克·勒赫斯特、克莱尔·斯莫利等；电脑辅助绘画软件的出现使多媒体绘画、手绘插画与摄影的结合变成了可能，电脑技术使时尚插画艺术变得更加多元化，更好地推动了时尚插画的发展。

时装画并没有被时尚摄影所取代，究其主要原因有：一方面，人们开始对写实的照片产生审美疲劳，而轻松愉悦富有创意的插画丰富了人们对时装的幻想，满足了人们对美好时尚生活的向往而出现的一种心理需求。另一方面，摄影和绘画本来就不相冲突，他们都属于艺术的范畴，只是在表现工具和技法上有所不同。在 Photoshop、Illustrator 等修图软件问世之前，摄影的主要特点就是纪实并且使用时间短。而绘画的特点从来都不是纪实，而是表现，表现艺术家眼中、心中的那个主观形象。因此安东尼奥曾经说过这样一句话："人不完美、画才完美。"说明哪怕是世界上顶级的模特、美人都有不完美的地方，而摄影的纪实性通常难以规避这种不完美，但是绘画可以做到。因为绘画可以自由地创造、自由地表现，以达到最完美的状态。这也就是为什么在摄影技术和电脑技术这么发达的今天，仍无法取代绘画的根本原因。

　　20 世纪末至 21 世纪初不断地有新的时尚画家出现，比较有影响力的插画家有：大卫·当顿（David Dounton）、阿图罗·艾林纳（Arturo Elena）、劳拉·莱恩（Laura laine）、李察·基尔罗伊（Richard Kilroy）等。

大卫·当顿

阿图罗·艾林纳

劳拉·莱恩

李察·基尔罗伊

大卫·当顿时尚插画作品

◆大卫·当顿

大卫·当顿1959年出生于英国，刚开始学习的是平面设计，毕业之后为小说、食谱等创作插画。在经历了一段默默无闻的时光后，大卫·当顿终于迎来了他人生的转折点。1996年，受聘于《金融时报》（*Financial Times*）为巴黎高级定制服装画插画，从此以后，他在时尚界迅速蹿红。

大卫·当顿绘画风格的最大特点在于造型元素的对比，有点与中国的写意画类似。他喜欢运用黑色线条与纯色块面进行对比、粗重的轮廓线与细节线进行对比、有色与无色进行对比，使整个画面呈现实实虚虚、强强弱弱的节奏感。并且他善于抓住模特的面部特征，进行局部写实、整体写意的效果，寥寥几笔就可以很生动地勾勒出人物的神情，他被称为时尚插画界的写意大师！

◆阿图罗·艾林纳

阿图罗·艾林纳1958年出生于西班牙，是一位自学成才的天才插画家。作为当今西方首屈一指的风格主义大师，雄霸了*Vogue*杂志二十多年的时间。

从他的插画风格来看具有以下几点：①把人体拉长到极为夸张的程度，强化女性身高比例和胸、腰、臀之差，使模特性感妖娆的同时还略带有一种邪魅的感觉，让人想仔细看其究竟但又心生胆怯，这无疑从他的绘画语言里展现了高级时装的一种冷艳、高贵、极致

阿图罗·艾林纳时尚插画作品

性感但是又让人难以靠近的感觉。②他喜欢在画面中强化人物姿态的动势，使画面充满视觉的张力。③对人物头部、服装及配饰都进行了写实而细致的刻画，以突出人物的质感和画面的精彩部分。细腻的笔触、写实的功底、独特的造型都展现了画家良好的绘画表现能力和对时尚的理解。

◆劳拉·莱恩

劳拉·莱恩是近些年来国际上炙手可热的时尚插画师，她来自于芬兰赫尔辛基。她的画风总是被冠以"鬼魅妖冶""神秘魅惑"等词。她的作品风格独特能让人第一眼就留下深刻的影响，人物形象妖娆而神秘，都拥有着一头丰盈的长发，长发时而飘散随风又时而

劳拉·莱恩时尚插画作品

拧聚成团，时而柔美如水也可能铸成一座雕塑……总之在她的画面里最引人注意也是最有张力的部分就是人物的头发造型。为了强调发型和身体的扭动之势她弱化了人物手、脚的部分，这样使视觉焦点更加集中，画面效果更加突出。她还钟爱黑白的强烈对比，笔下的绘画多以黑白为主，或是以黑白为基底而辅以淡淡的颜色。

　　劳拉·莱恩喜欢将插画与摄影相结合来进行时尚品牌插画创作。在插画人设与产品的组合与互动之间，向消费者讲述一个个妙趣横生的故事并能完美地阐述产品的细节和设计亮点。她插画中的女子犹如一个个鬼魅精灵游走嬉戏在各种女性钟爱的事物——鞋子、包包、香水……上。这种有意味的组合使得原来静态的产品也变得鲜活了起来，仿佛在童话故事中一般。

◆**李察·基尔罗伊**

李察·基尔罗伊也是近些年时尚插画界出现的一位青年才俊。他出生于英国，毕业于利兹艺术设计学院。他首次作为时尚插画师被业界认可是在 2010 年。在这一年他被迪奥品牌和萨默塞特府邀请为展览 *René Gruau And The Line Of Beauty* 创作插画作品。在这一次展览之后他得到了多个品牌的邀约和订单，逐步得到社会更多的认可。在 2013 年的 4 月，他的一系列作品成为了维多利亚和艾尔伯特博物馆（Victoria and Albert Museum）永久的珍藏。2015 年他出版了一本关于男装的时装插画集 *Menswear Illustration*，在这本书里李察·基尔罗伊以自己的视角审视艺术，表达了内心对时尚的理解，书里有多幅与各大品牌合作的插画，也有纯粹表达自己的个性想法的画作。我们从他的画作中看到了插画本身就是一种独特的艺术语言。

简洁的色块与写意的画法是李察·基尔罗伊的绘画风格。极简主义的概括用笔与写实主义的细腻刻画都在他的画面里得以融合与体现。这种极重、极轻的画面强对比组合则变成了他的绘画特点，一种如重金属音乐般的节奏感。

李察·基尔罗伊时尚插画作品

1.4 时尚插画师的职业发展

1.4.1 什么是时尚插画师

时尚插画师就是在商业环境下运用个人创意和绘画能力为时尚需求者进行绘画定制的人；也是建立在传统绘画的基础之上运用一系列的绘画媒介，集构思、概念和表现为一体的创作者。

插画属于绘画的一个门类，它与实现商业创意有关。因此插画需要对特定的对象进行解释、传达和表现。多年来时尚插画呈现出多样化的面貌并受到摄影技术的挑战，但由于它拥有独特的表现语言，并也开始采用新的绘画材料和技术，所以其影响范围并没有被缩减。手绘仍然是时装插画的重要表现形式和不可或缺的核心部分。它同时也是有效的插画练习方法，通过长时间的心手相连的练习可以逐渐提升自我意识和相关视觉素养，从而慢慢形成个人风格。

1.4.2 时尚插画师涉及哪些领域

时尚插画师的工作领域主要包括三大类：媒体出版业、时尚品牌公司以及新媒体。第一类媒体出版业，时尚插画师主要为杂志和书籍进行封面和内页的绘制。这些媒体除了 *Vogue*、*Cosmopolitan*、*ELLE* 等知名时尚杂志之外，还包括一些小的需要插画的媒体。而书籍领域对时尚插画的运用则更加广泛，从小说到各种各样的艺术和手工书籍，都非常依赖于时尚插画。第二类时尚品牌公司，时尚品牌公司每一季的新设计产品以及发布的新时尚趋势，都需要一些有经验的插画师创作出精美的说明性作品来展示其概念和内容。第三类新媒体，随着数字化的出现媒体技术进行了巨大的变革，大量的传统媒体加入到了新媒体的阵营，网络传播成为主流媒介。这些新媒体的时尚栏目也需要大量的时尚插画来丰富和说明。

1.4.3 时尚插画师是如何工作的

大多数时尚插画师都是自由职业者，通常在他们的家里或工作室里与各种各样的客户合作。与其他自由职业一样，时尚插画师也必须不断创造收入，对接客户，在截稿期限之前安排时间完成作品。很多插画师都会有一个社交媒体账号，比如国内的站酷、涂鸦王国、微博和国外的 Instagram、Behance、Twitter、Facebook 等。在这些网站上他们会定期更新作品，吸引粉丝或更多人的注意，同时也方便客户找到他们并委托他们进行插画定制。

1.4.4 时尚插画师应该掌握什么

时尚插画师有些是科班出身艺术或服装学院毕业的，还有一些没有受过正式的艺术教育，但是这都离不开平时的练习和基础的训练。这些基础包括：对人体结构的了解与人体动态姿势的变化；服装褶皱的产生和随人体的变化规律以及服装质感的表达；并能了解服装的结构与工艺。当然最基础的还是要具备手绘表现的能力。

但要注意，时尚插画是表达时尚产品的一种艺术形式，它需要有自己的风格化特征。也就是说时尚插画最终关注的可能不只是服装或款式搭配的精确呈现，而是要传达服装背后的文化和情感。我们会发现一些大师的时尚插画并没有把服装的每个接缝、省道和褶裥都表现得丝丝入扣，甚至一些成功的时尚插画家根本没有接受过设计培训，但这不会限制到他们的创作。因为对于绘画来说，过多的细节信息有时会使画面显得呆板和拘谨，所以时尚插画师不是时装设计师，我们要将这两者区分开来。

在掌握了这些必要的基础之后，还要能找到属于自己独特的绘画风格，让自己的画面具有较强的视觉识别度。当然形成自己独特的绘画风格是一件很难的事情，需要寻找到技术、观念背后的规律，并能凝练出来。个人绘画风格会随着时间的推移而演变，所以对于时尚插画保持一个开放的心态更有可能产生原创性的效果，从而形成自己独特的风格。

同时还要注意对时尚潮流讯息的捕捉，并能很快的反应在自己的作品当中，这样才能成为一个受欢迎的时装插画师。

PART 2

第二章

手绘工具

2.1 基本绘画工具

时装画有很多的不同风格以及表现形式，不同表现形式的呈现需要不同的绘画工具才能完成。本书主要讲解铅笔、彩铅、水彩及马克笔四种绘画工具。

2.1.1 铅笔

铅笔是最基础的工具也是最重要的工具，它在绘画起形、速写和素描中使用最多，可以表现非常丰富的画面层次。

铅笔按照软硬排列方式（由软至硬）分为：9B、8B、7B、6B、5B、4B、3B、2B、B、HB、F、H、2H、3H、4H、5H、6H、7H、8H、9H、10H 等硬度等级。H 前面的数字越大，表示铅芯越硬，颜

铅笔

色越淡；B 前面的数字越大，表示铅芯越软，颜色越黑。其中 H 类铅笔，笔芯硬度相对较高，适合用于界面相对较硬或明确的物体，比如木工划线、野外绘图等；HB 类铅笔笔芯硬度适中，适合一般情况下的书写，或打轮廓用；B 类铅笔，笔芯相对较软，适合绘画。

2.1.2　彩色铅笔

彩色铅笔是一种比较容易掌握的涂色工具，颜色多种多样，画出来效果清新简单，既可以单色使用也可以叠加使用，层次较丰富。

彩色铅笔分为两种：一种是水溶性彩色铅笔（可溶于水），另一种是不溶性彩色铅笔（不能溶于水）。

水溶性彩色铅笔又叫水彩色铅笔，它的笔芯能够溶解于水，碰上水后，色彩晕染开来，可以实现水彩般透明的效果。水溶性彩色铅笔有两个特点：在没有蘸水前与不溶性彩色铅笔的效果是一样的；在蘸上水之后就会变成像水彩一样，颜色非常鲜艳亮丽，十分漂亮，而且色彩很柔和。

不溶性彩色铅笔可分为干性和油性，我们一般市面上买的大部分都是油性彩色铅笔，价格便宜，是绘画入门的最佳选择。不溶性彩铅画出的效果较淡，大多可用橡皮擦去，有着半透明的特征，也可通过颜色的叠加，呈现多层次丰富的色彩效果，是一种较具表现力的绘画工具。

用于时装画的彩色铅笔品牌：辉柏嘉、施德楼、马利、雷诺阿等。

彩色铅笔画纸：素描纸和马克纸都可以。

彩色铅笔

水溶性彩色铅笔

固体水彩颜料

松鼠毛水彩画笔

2.1.3 水彩

水彩透明度高，色彩重叠时下层的颜色会透上来且色彩鲜艳度高，既可以画出细腻写实的效果，也可以画出奔放写意的效果，是一种表现力很强的工具，长期保存也不易变色。

水彩品牌：马利、温莎牛顿 、贝碧欧、伦勃朗、史明克等。

水彩纸张品牌：康颂、获多福、阿诗、宝红等品牌。

水彩画笔：阿尔瓦罗红胖子系列、秋宏斋手工水彩笔、马蒂尼棕胖子系列、华虹系列等。

2.1.4 马克笔

马克笔的颜料具有易挥发性，用于一次性的快速绘图。常使用于设计物品、广告标语、海报绘制或其他美术创作等场合。马克笔分为油性马克笔、酒精马克笔和水性马克笔三类。

油性马克笔快干、耐水，而且耐光性相当好，颜色多次叠加不会伤纸，性质比较柔和。

酒精性马克笔可在任何光滑表面书写 ，速干、防水、环保，可用于绘图、书写、记号、POP 广告等。

水性马克笔则是颜色亮丽有透明感，但多次叠加颜色后会变灰，而且容易损伤纸面。还有，用蘸水的笔在上面涂抹的话，效果跟水彩很类似，有些水性马克笔干掉之后会耐水。所以买马克笔时，一定要知道马克笔的属性与画出来的效果才行。

时装画运用最多的是软头的水性马克笔，有时可以达到水彩的效果。

马克笔品牌：法卡勒、TOUCH、斯塔、酷比克（COPIC）等。

水溶性马克笔

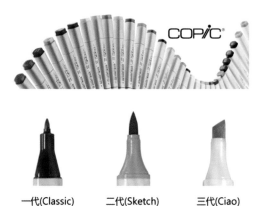

一代(Classic)　　二代(Sketch)　　三代(Ciao)

酷比克（COPIC）马克笔

2.1.5　纸张的选择

时装画的纸张选择是根据绘画工具种类的不同进行选择的。在本书的时装画案例中主要运用到的纸张有素描纸、拷贝纸、马克纸、水彩纸四种。

（1）素描纸

素描纸是运用较广泛的一种绘画纸张，它一面比较光滑，另一面相对粗糙而且纹理独特，无论是铅笔、碳铅笔还是炭精条都非常适合。

（2）拷贝纸

拷贝纸是一种透光、透明度较高的纸张，这种纸的用途主要是覆盖在艺术品、字画、图等上面进行临摹、拷贝与复制。

（3）马克纸

马克纸又称为马克笔专用纸，纸面平滑、无纹理，适合马克笔笔头在平铺、重叠、晕染过渡等上色的同时不会损伤马克笔的纤维笔头。纸质比普通纸张要厚实，颜色不容易扩散，更好地展现色彩效果。

马克纸的品牌主要有：Touch Mark、康颂（Canson）、喜通等。

（4）水彩纸

水彩纸是专门用来画水彩画的一种特殊纸张，它主要有"棉浆"和"木浆"两种分类。

Touch Mark 马克本　　　　　　　　　　　　康颂马克本

获多福手工水彩纸　　　　　细、中、粗纹水彩纸　　　　　康颂水彩本

　　棉浆纸吸水性相对较好，适合晕染与长期作业；木浆纸吸水性相对较差，但比较容易显色，干后可以小范围内修改，适合快速上色与速写。此外水彩纸的纹理分为粗、中、细三种，纹路越粗颜料干得越慢。纸张厚度也从 180~300g 不等，越厚的纸蘸水之后越不易起皱。

　　水彩纸的品牌主要有：康颂巴比松、梦法儿、获多福与阿诗，其中巴比松与梦法儿为木浆纸，获多福与阿诗为棉浆纸。

（5）色粉纸

　　色粉纸是一种特殊的纸张有各种颜色，它主要提供了一种均匀的底色效果，可以进行水粉、粉笔、炭笔、油画棒等媒介的绘制。

2.2　非传统绘画工具

　　非传统绘画工具就是当代的综合材料绘画的相关工具。比如画面上粘贴报纸、麻袋、金属，然后再用颜料作画；还有一些绘画技术与装置技术相结合、偏静态绘画；不一而足，难以一概而论，综合材料绘画多半带有即兴色彩。因此在时装画的创作中也出现了很

彩妆 + 彩铅（俄罗斯设计师 Natalia Vasilyeva 作品）

水彩 + 金箔（俄罗斯插画师 Anygo 作品）

多运用综合性材料来表现的，如：美妆工具 + 彩铅、面料拼贴、金箔拼贴等。

2.3 板绘

板绘，是用笔通过数位板、数位屏在相应的软件中绘制图画。板绘又叫数码手绘，但并非是有人理解的软件生成的画像。板绘同样是通过手和笔，由专业画师在画板上一笔笔绘画创作成的美术作品，和纸上绘画唯一的区别是借助"手绘板"直接输入电脑，再转而通过其他方式输出到纸面或永远以数码格式保留。

板绘的作品根据画师的风格而定，有的无限接近真实绘画，有的借助数码的表现优势创作出全新的风格，可以是 CG 插画、人物肖像、风景画、动物写生、静物写生、漫画故事……对作画内容没有任何限制。一般优秀的板绘画师在纸上同样也有很好的手绘基本功，所谓"板纸同源"。但板绘的无限可能性成为了当下的热点，很多插画师都是同时掌握纸绘和板绘两种技能的。

板绘常用的软件有：Photoshop、SAI 和优动漫；如果要做矢量绘画图，用 Illustrate 和 CorelDRAW 比较方便。

板绘作画现场

（图片来自网络）

板绘插画一

（新加坡插画师 Alex Tang 作品）

板绘插画二

（新加坡插画师 Alex Tang 作品）

板绘插画三

（新加坡插画师 Alex Tang 作品）

PART 3

第三章
时装画人体

3.1 人体结构与比例

人体是由头部、躯干、上肢和下肢几个部分组成的。脊椎是身体扭转和姿态变化的主轴线。

（左）人体分析图（图片来自网络）

（右）人体结构分析图（图片来自网络）

通常女性的身高为 7~8 个头长，而时装画人体需要夸张到 10~12 个头长。这样做的目的就是拉长人体比例，让人物看起来更高挑、更修长。

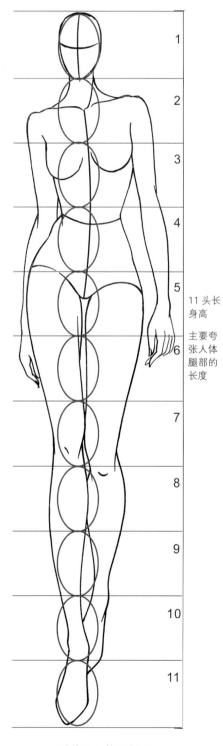

11 头长
身高

主要夸
张人体
腿部的
长度

日常生活中人体比例图（图片来自网络）　　　　时装画人体比例图

3.2　人体动态提取

影响人体姿态的横向线主要有三条，即肩线、腰线和臀线。当人体完全直立的时候肩线、腰线、臀线都处于水平的位置；但当脊椎发生弯曲的时候，肩线和臀线呈相反方向发生倾斜来保持人体平衡。

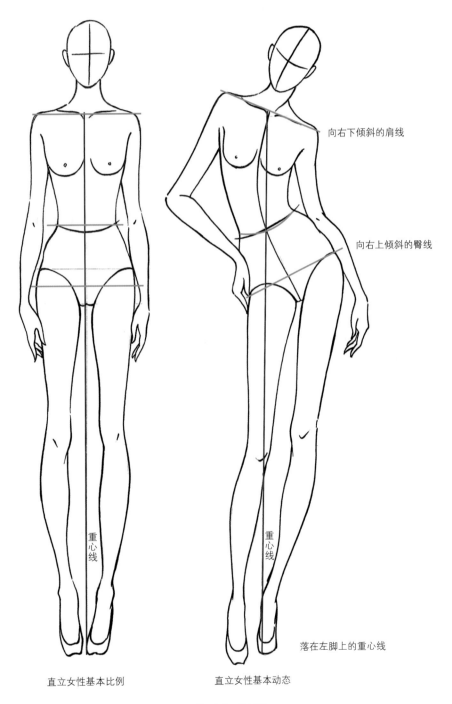

向右下倾斜的肩线

向右上倾斜的臀线

重心线

重心线

落在左脚上的重心线

直立女性基本比例　　　　　直立女性基本动态

人体动态对比图

3.2.1 秀场图片人体动态提炼

秀场人体提炼图一　　　　　　　维密秀场图一（图片来自网络）

维密秀场图二（图片来自网络）　　　　　秀场人体提炼图二

3.2.2 常用站立姿态

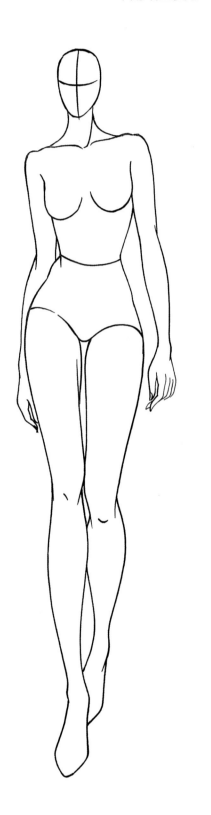 

站立姿态人体一

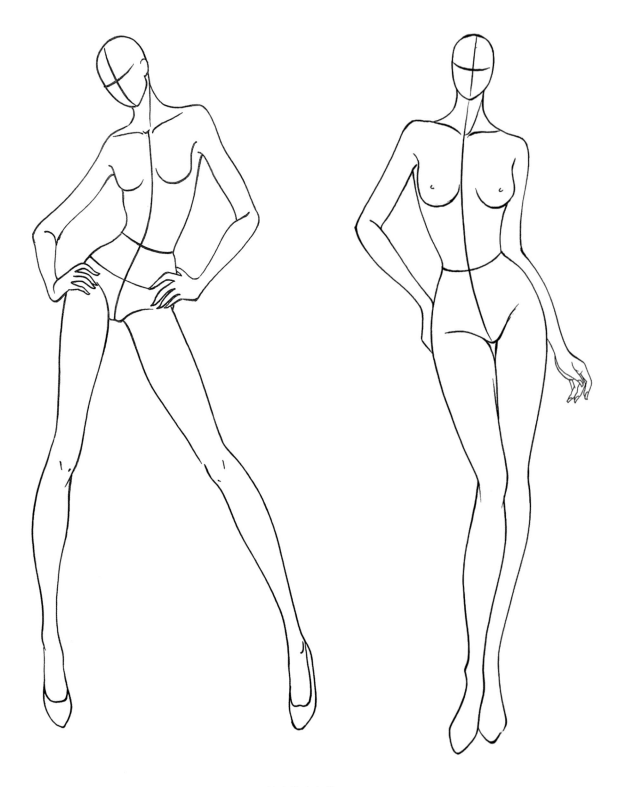

站立姿态人体二

站立姿态人体三

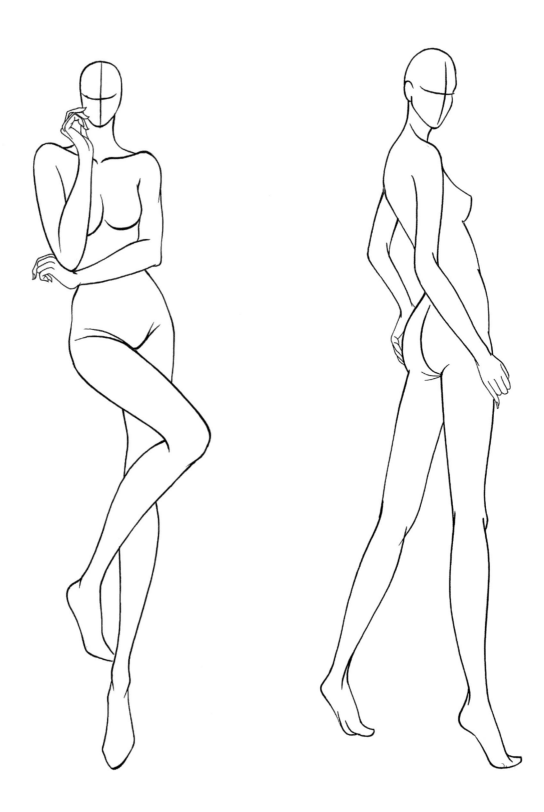

站立姿态人体四

3.3 头部的画法

3.3.1 正面头部

步骤一：画出头部轮廓及头部中心线，眼睛位于整个头部的 1/2 处，头长 1/3 处为眉毛的位置，2/3 处为鼻底的位置。左耳至右耳的宽距为 5 个眼睛的长度。

步骤二：刻画出眼睛、眉毛、鼻子、嘴及耳朵的形状。注意头发的造型与头骨之间的空间与遮罩关系。

步骤三：开始进一步寻找五官的细节，如眼睛瞳孔的位置、高光点、眼皮的厚度及双眼皮褶皱的位置；鼻子、嘴唇、耳朵的特征及结构。

步骤四：开始上调子，刻画出人物头部的结构及明暗关系。

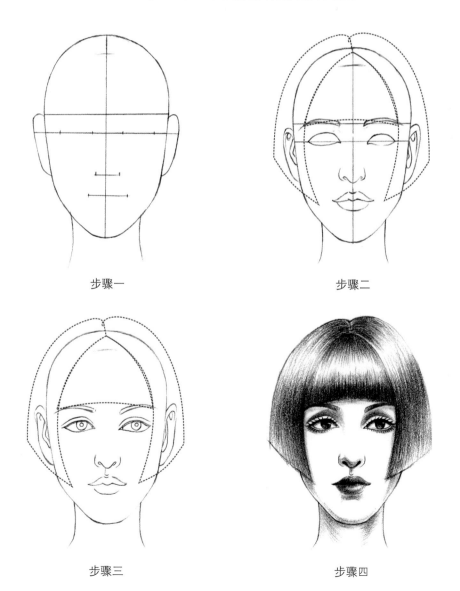

步骤一 步骤二

步骤三 步骤四

3.3.2 侧面头部

步骤一：画出侧面头部轮廓，后脑勺曲线要饱满。眼睛位于整个头部的 1/2 处，头长 1/3 处为眉毛的位置，2/3 处为鼻底的位置。

步骤二：刻画出眼睛、眉毛、鼻子、嘴及耳朵的形状。注意眉毛与眼睛之间，鼻尖与下巴之间，耳朵的生长方向这三条倾斜线。

步骤三：开始进一步寻找五官的细节，注意侧面头发的造型及蓬松度。

步骤四：开始上调子，刻画出人物头部的结构及明暗关系。

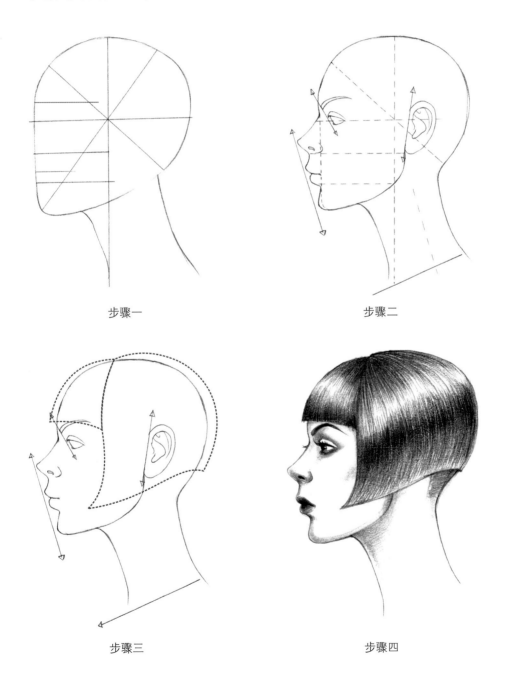

步骤一　　　　　　　　　　　　　步骤二

步骤三　　　　　　　　　　　　　步骤四

3.3.3 3/4 侧面头部

步骤一：当头部转向 3/4 侧面的时候中心线也随着头部的转动而变化，眉毛线、眼睛线、鼻底线、嘴缝线也都产生透视变化变成弯曲的弧线。

步骤二：开始刻画五官及头发的形状。由于透视的原因，离我们较远的那只眼睛开始变短，嘴唇、鼻头都有变化。

步骤三：开始进一步寻找五官的细节，从眼睛开始刻画。

步骤四：整体上调子，刻画出人物头部的结构明暗关系及头发的质感。

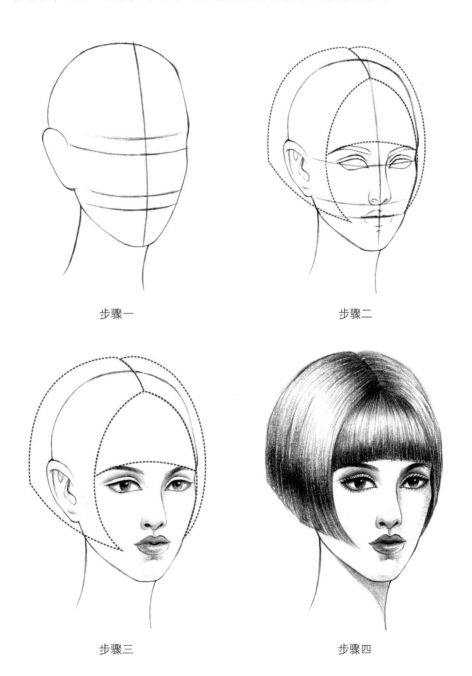

步骤一　　　　　　　　　　　　　　步骤二

步骤三　　　　　　　　　　　　　　步骤四

3.4 不同肤色人种的脸部绘制要点

黑人模特在时尚界占有非常重要的位置。其中超模有被誉为"黑珍珠"的纳奥米·坎贝尔（Naomi Campbell）、"沙漠之花"莉雅·琦比德（Liya Kebede）、"维密天使"莱斯·里贝罗（Lais Ribeiro）、英国时尚大奖获得者卓丹·邓（Jourdan Dunn）等。

我们在画黑人模特的时候要注意以下几点：①黑人模特由于皮肤颜色较深，肤质细腻而光滑，要着重表现肤质的光泽感；②黑人模特由于天生骨骼的关系鼻梁较塌、鼻头较肉，要抓住这个特点进行描绘；③黑人模特嘴唇较厚，要画出这种饱满的感觉；④黑人的头发天生卷曲，要体现出这种卷曲蓬松的效果。

亚裔模特的东方脸孔在时尚界带有浓郁的异域风情，向人们展现着独特的东方美。从早期的国际超模吕燕、富永爱、冈本多绪、杜鹃到后来的刘雯、奚梦瑶、孙菲菲、何穗、雎晓雯、贺聪、李静雯等。她们都在国际T台上刮起了一阵阵东方审美风潮，引领着东方模特不断地走向国际。

亚裔模特的脸有以下特点，是我们在作画的时候要注意的：①整体脸部相对于骨骼立体突出的白种人来说显得较平，尤其是鼻梁的部分；②东方模特以单眼皮居多，眼睛显得狭长且眼距较宽；③头发以黑、长、直为主，光泽感较好，飘逸而灵动。

黑人模特头部绘制一　　　　　　　　　　　　黑人模特头部绘制二

亚裔模特头部绘制一 　　　　　　　　　　　　亚裔模特头部绘制二

　　白人模特一直是时尚界的主流人群，因其骨骼自身的优势在镜头前显得特别立体，深眼窝、高鼻梁、嘴唇适中，头发以金色和褐色为主。

　　我们在画白人模特的时候要注意刻画眼窝的部分，以及眉毛与鼻梁之间的关系，着重刻画出立体深邃的五官特点。

白人模特头部绘制一 　　　　　　　　　　　　白人模特头部绘制二

3.5 发型与配饰

3.5.1 发型的表现

头发是一个人气质的体现。在画头发之前要先进行观察，观察头发所呈现的大体造型。用笔勾勒出大型之后，再根据头发的结构进行分区，抓住大体走势和大区块进行概括的处理，在靠近脸部的地方则需要仔细刻画。画头发对线条有两个要求，一个是要保持线条流畅，顺着头发的走势来绘制；另一个是要注意留出头发高光的位置，并要均匀地过渡。

短卷发的绘制

丸子头的绘制

长卷发的绘制

沙宣头的绘制

波波头的绘制

鲜花头饰与自然长发的绘制

松散慵懒的深色发型绘制

松散慵懒的浅色发型绘制

3.5.2 太阳镜的表现

太阳眼镜质感的表达，主要是要刻画出镜片的透明质感以及透过镜片看到的眼睛，寻找这两者之间的空间关系、形式关系。

眼镜配饰的绘制

眼镜、头巾配饰的绘制

3.5.3 耳饰的表现

耳饰的表现主要在于抓住其造型特点，同时精细地刻画出相关材质特点，并注意耳饰与人物脸部之间的关系。

条状耳饰的绘制

环状耳饰的绘制

3.5.4　帽子的表现

帽子的造型千变万化，也是最能提升人物气质的单品。我们在画帽子时，除了要抓住帽子本身的造型特点之外，还要注意其与脸部的交界处是需要着重刻画的地方。留意观察帽子戴在头上所呈现的弧度变化，以及要刻画出它与额头边缘线之间的空间关系。

暖帽的绘制　　　　　　　　　　　　大檐帽的绘制

牛仔帽的绘制

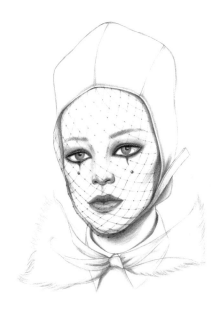

防风帽的绘制

3.6 手部与配饰

3.6.1 手部的表现

　　主要表现时尚的手部——纤细、修长、柔若无骨。在抓型的过程中要控制好手掌与手指的比例，注意手指的姿态与前后的穿插关系。还要特别注意指甲的微表情和涂过甲油之后呈现的光泽感。

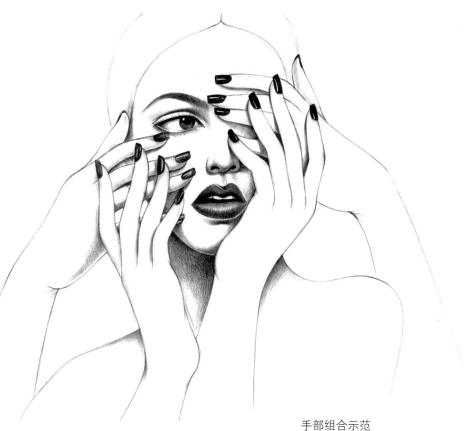

手部组合示范

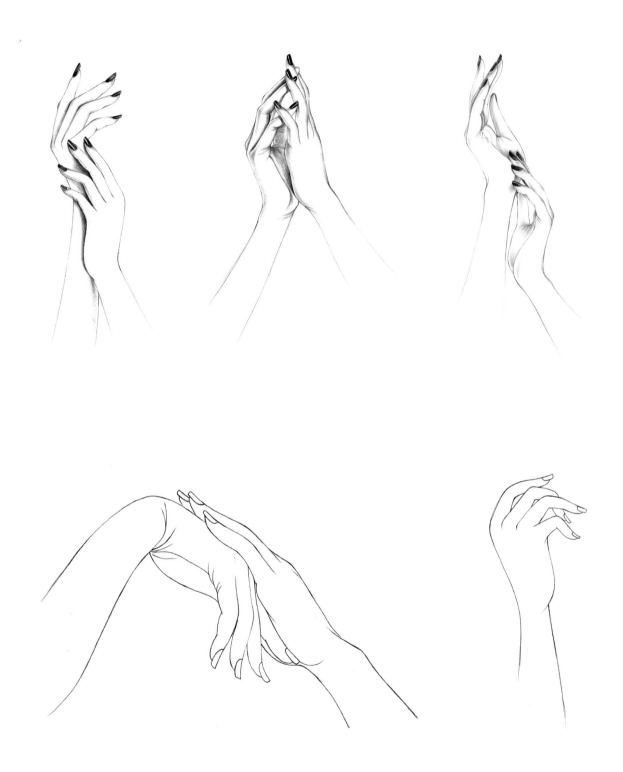

手部姿态的绘制

3.6.2 戴首饰的手部表现

戴首饰的手部绘制要点：主要表现手指、手腕与饰品之间的关系。在手的姿态语言表现出来之后，要注重刻画饰品的结构和质感。

手自然下垂状态时佩戴手镯的绘制

双手佩戴首饰的绘制

佩戴戒指与手镯的绘制

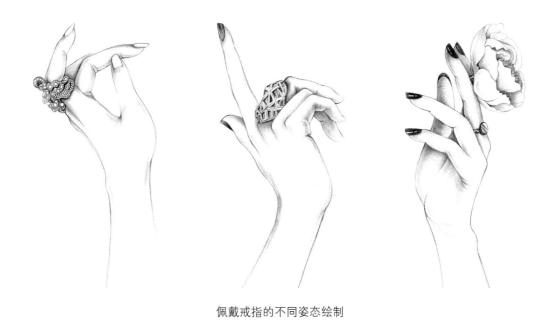

佩戴戒指的不同姿态绘制

3.6.3 拎包的手部表现

　　绘制拎包的手时，要着重强调手指握、拎、拿的感觉，手与包袋提手之间前后、遮挡的关系。同时要注重刻画包袋的透视变化以及结构和质感，并注意表现有意味的细节。

手拎包时的状态绘制

3.7　腿部与鞋子

3.7.1　女性腿部的表现

女性腿部较修长、平滑没有较多的肌肉凸起，尤其是在画时装画人体腿部的时候要加强这种修长感。同时要注意女性骨盆倾斜与腿部的姿态变化，着重表现三角区、膝关节、踝关节以及足弓等部位。

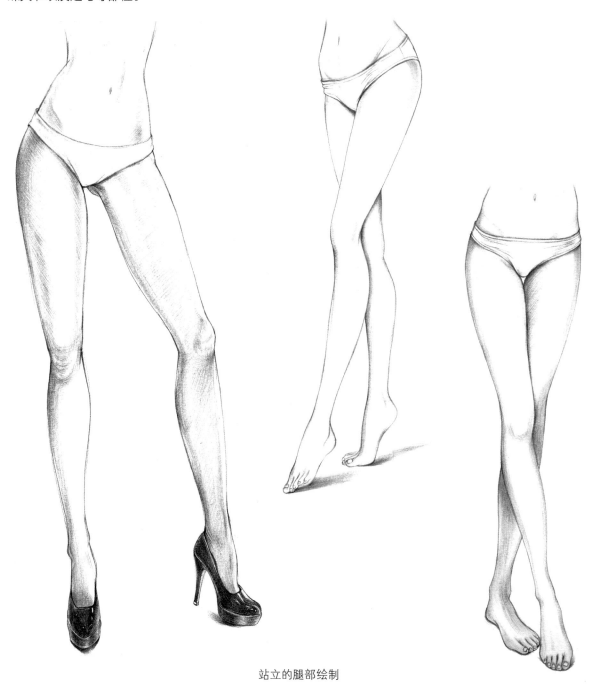

站立的腿部绘制

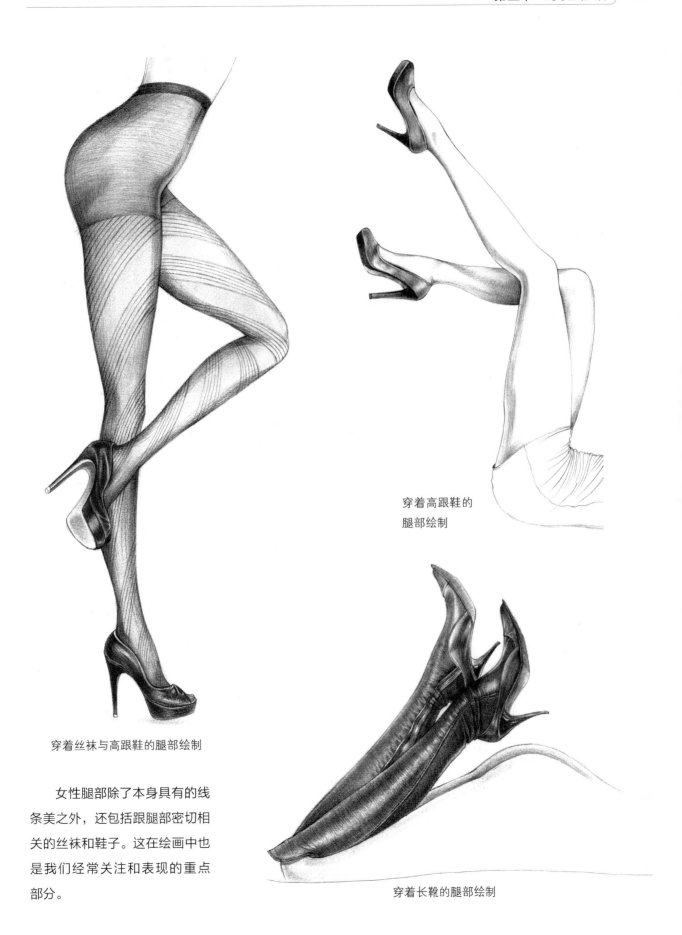

穿着高跟鞋的
腿部绘制

穿着丝袜与高跟鞋的腿部绘制

女性腿部除了本身具有的线条美之外，还包括跟腿部密切相关的丝袜和鞋子。这在绘画中也是我们经常关注和表现的重点部分。

穿着长靴的腿部绘制

3.7.2　女性鞋子的表现

时尚人物的足部总是伴随着各式各样制作精美、造型独特的鞋子一同出现。因此我们在画的过程中，首先要注意脚与鞋共同构成的外部轮廓，在外形准确的前提下，去发现其有意味的特征并强化出来；其次要着力刻画鞋子的造型特征和材料的质感；最后增加一些鞋子的细节和微表情的刻画使其更加生动。

带水钻细高跟鞋的绘制（正面）

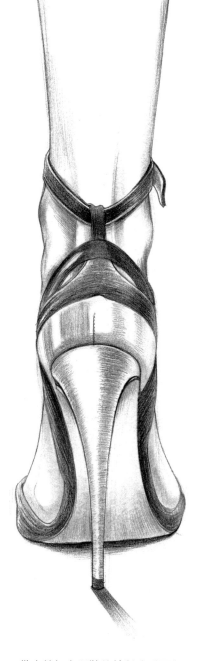

带水钻细高跟鞋的绘制（侧面）　　　　带水钻细高跟鞋的绘制（后面）

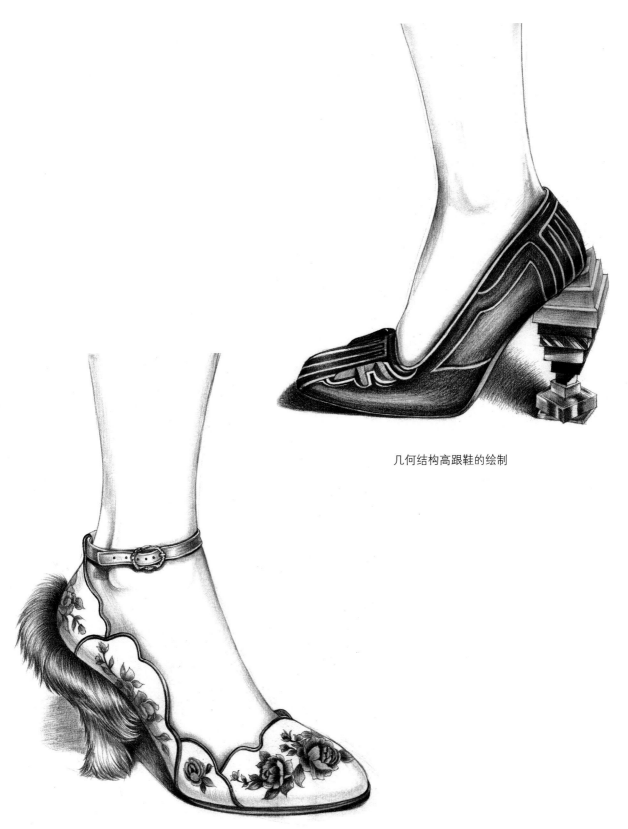

几何结构高跟鞋的绘制

毛跟绣花高跟鞋的绘制

皮质厚底机车风高跟鞋的绘制

运动鞋的绘制

高跟拖鞋的绘制

系带时尚芭蕾舞鞋的绘制

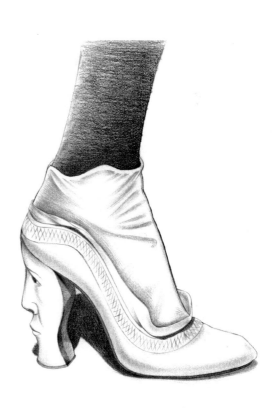

异型雕塑风高跟鞋的绘制

细高跟凉鞋的绘制

皮质镂空高跟凉鞋的绘制

细高跟尖头中筒靴的绘制

厚底粗高跟铆钉鞋的绘制

3.8 着装与人体的空间关系

　　一件衣服之所以能穿在人身上就在于它给予了人体一定的活动空间，这个空间通常称为服装的内空间。从古希腊、古罗马时期开始，人们就通过一块布对我们的身体进行套头、缠绕、系扎，从而形成当时的服装样式，服装与人体之间因为这些支撑点的作用力产生了丰富、多变的空隙量。也随着人体的活动在服装衣料上自然地挤压产生了许多褶皱，这些由于服装内空间变化而产生的褶皱可以帮助理解服装与人体的空间关系。

　　时装画作为绘画的一种形式，它不仅要表现服装，更要遵循绘画的美学造型规律。因此我们在作画过程中既要体现服装的造型、面料、色彩，又要能够用绘画的语言表现出来。时装画不是简单地再现服装，而是要通过自己的理解将心目中的时尚形象表现出来。在表现服装内空间的时候也是如此，要归纳、概括我们看到的人体动态的支撑点所在，及由此生成的显得琐碎的服装褶皱，让它们形成一种有规律的排列，变成一种画面的动势，更好地来表现服装。

颈部活动范围较大，因此领口通常留有较大的空间

人体肩部是服装的支撑点，所以这个部位的服装是贴合人体的

手肘内侧容易挤压出褶皱，外侧则贴紧皮肤

腰带也是固定服装的一个重要部分，因此通常勒紧身体，没有空间

臀部也是服装内在空间较少的部位

裙摆处是服装空间较大的地方，因为要便于人体走动或跑动

鞋靴通常在脚踝的位置挤压的褶皱较多

着装与人体不同部位的空间关系

着装与人体的空间关系范例

着装与不同站姿的空间关系范例

第四章
灵感与创意

4.1　灵感来源与元素提取

　　灵感是艺术家和设计师常常挂在嘴边的一个词，这个看起来神秘的词语在创作中带有决定性的作用。可以诗意地理解为它是你千里跋涉中的一次惊艳的邂逅；也可以是你在蓦然回首时，出现在灯火阑珊处的那一份驻足等待……灵感虽然捉摸不定，但它确是打开创造之门的钥匙。这把钥匙可以诱发、启迪你的思路，并使你的思维在长时间的混沌之后茅塞顿开。

　　在时尚插画的绘制中，当我们有了初步的想法之后，通常会进行大量的素材收集工作。在收集素材时，总会有那么几张图是最能打动自己内心的，或许是因为它的色彩、或许因为它的线条、或许只是图片上的一个斑点、一条裂痕……那才是自己最想要寻找的。于是，头脑中就开始由这几个元素进行联想与思维生发，使自己初步的想法慢慢地具体而形象起来。

4.2　灵感来源

　　俄国画家列宾说："灵感是对艰苦劳动的奖赏。"作曲家柴可夫斯基也说"灵感是一位客人，他不爱拜访懒惰者。"美学家黑格尔也曾说过："一个真正的有生命的艺术家就会从这种生命里找到无数的激发活动和灵感的机缘。"可见出现灵感有很多不可控的因素，但也有可准备的机会和可期待的机缘。

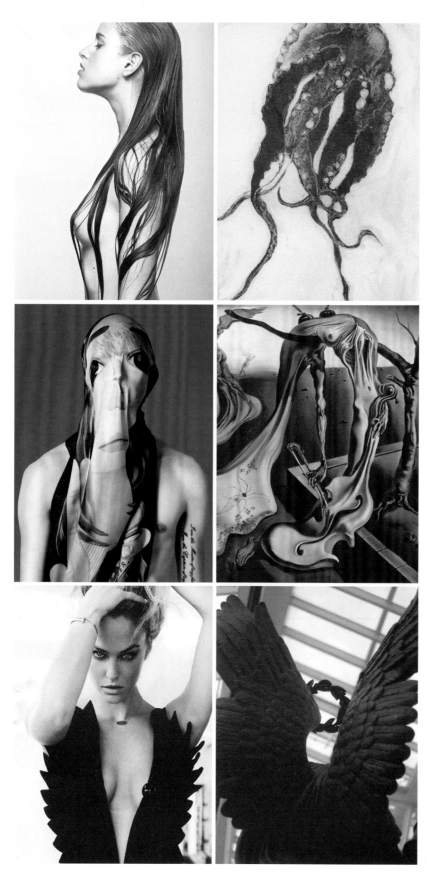

作品及其灵感来源

（图片来自网络）

在我们进行时尚插画创作时，可以从以下几个主要方面进行灵感触发的积累。

（1）日常生活

灵感总是来源于对生活的密切观察和体会，没有感触的生活常常无法引发灵感。因此设计师需要保持一颗好奇而敏感的心来看待生活、观察生活，从而更好地用绘画来表现生活。把生活中能触动自己的事情变成一个个有趣的绘画形象，在不断积累中拓宽自身的创意思路。

（2）自然

自然是人类赖以生存的地方，我们从中感受"她"的神奇、探索"她"的奥秘。自然界的任何事物都能激发人的情感，大至宇宙星辰、小到一片树叶，"她"的形状、颜色、纹理、生长方式……都会给人无尽的想象与启发。很多艺术家都是从自然的启示中得到感悟，从而创造出优秀的绘画作品。

（3）姊妹艺术

不同门类的艺术在各自的历史发展过程中总是相互影响，互相借鉴，相互促进。姊妹艺术的共通性就在于形式不同而情感相同，以及由此及彼引发联想与触动表现语言的通感。国画的水墨相融、油画的笔触与色块、雕塑的造型与空间、摄影的光与色、音乐的节奏与韵律……都能激发我们的灵感与创意。

来自自然的灵感来源

（4）多民族文化

多民族文化是各地域的人们长期生活积累的智慧结晶，同时也是我们创作的源泉。其特殊性和独特性会促成浓烈的风格，给艺术创作者以强烈的印象刺激，从而引发思考并带来新的表现手法。不同的民族、不同的文化、不同的风格，正是绘画者和设计师构建有品质的个性化语言所需要的资源库。

（5）流行资讯

流行资讯是这个时代脉搏的显现——它代表着我们这个时代最受欢迎的文化以及大多数人的审美倾向。时尚插画的独特性就在于，它浓缩了当下和未来几年的潮流风尚。时尚插画师应该对瞬息万变的时尚更迭做出判断，并且展现在自己的创作中。用作品创造潮流，张扬潮流，引导潮流。

4.3 灵感如何提取

服装设计大师乔治·阿玛尼（Giorgio Armani）曾说，他的灵感主要来源于"大街上来来往往的人群"，他经常会在桥头、大街上观察穿梭于大都市的人们，观察他们穿衣的状态和整体的搭配，不断思考衣着与身体之间的关系，并从这些都市人群的身上得到源源不断的新启发，随后开始下一季服装开发。由上述可知，灵感的来源非常广泛，我们日常的任何所见所闻所感都可以成为灵感的来源，前提是创作者必须沉浸在专业状态中，这样才会时时处处地留心体悟，以其作品为媒介，将所有的感悟凝结在作品中。

拼贴画（图片来自网络）

灵感往往"采不可遏，去不可止"，如不及时捕捉，就会跑得无影无踪，因此我们应该随时想到、随手记下。英国著名女作家艾丽·勃朗特年轻时，除了写作，还要承担繁重的家务劳动。所以她在厨房煮饭时，总是带着笔和纸，一有空隙就立刻把脑子里涌现出的思想写下来。大发明家爱迪生、大画家达·芬奇等也都是这样，他们经常随手记下自己在睡前、梦中、散步休息时闪过头脑的每个细微意念。

对于时装画工作者如何记录灵感？拼贴板是一种很好的记录的方式，它能较好地抽象、简化、提取可利用的设计元素。同时，从灵感和拼贴板的建立开始，就已经是个人风格呈现和塑造的开端了。

4.4　构思与草图

所有时装草图的绘制阶段，无论是在人物姿态的选择，或是在场景组合的阶段，都与风格和技法分不开，可以说技法和风格贯穿了整个草图阶段。一个好的作品要想能打动人首先要具备以下两点：一要有明确的创作形式，另一点就是技法与概念表达达成平衡。

构思是创作时的思考与准备，通常也叫腹稿、草图或是手稿，是指完成一幅正式作品之前的一种粗略的呈现，也是使自己想法逐渐清晰与形象化的一个过程。一个插画家最重要的使命就是"表达"，表达对一切美好事物的情感。

　　脸，是我有一个阶段最想画的题材。这一题材对我有很强的吸引力。一张张脸是一条条不同程度的线条，或圆润或棱角分明，每一个线条的转折和摆动都牵引着我的思绪，触动着我的心弦。我喜欢素颜的脸，喜欢那没有经过雕饰的纯净；也喜欢妆后的脸，喜欢那修饰过后的美好；我喜欢颓废的脸，喜欢那烟雾背后的一脸真实或人世间的无奈；我也喜欢布满皱纹的脸，喜欢那每一道线条要向我诉说的故事……

《远古的传说》线稿

这一题材我画了很长的一段时间，在那段时间里我翻遍了所有的时尚杂志寻找那一张最能打动我的脸。于是在"寻找、勾画、再寻找、再勾画"的过程中我逐渐体会到了线条的魅力，原来黑线竟会如此的有力、如此迷人！

脸线稿一

脸线稿二

脸线稿三

脸线稿四

脸线稿五

脸线稿六

脸线稿七

4.5 速写的作用

速写能培养我们敏锐的观察能力和绘画提炼能力，通过训练可使我们在短暂的时间内画出对象的特征。速写还能提高我们对形象的记忆能力和默写能力，从而为创作收集和积累大量的素材。速写在探索和培养独特的个性绘画风格方面也有很强的优势，很多优秀的有风格的绘画作品都是由速写演化而来。同时好的速写本身就是一幅完美的艺术品。

人物坐姿速写线稿

人物全身速写线稿

人物半身速写线稿

4.6　速写的系列化表现

在我们日常的速写练习中，当具备了一定绘画技巧的时候就可以进行作品的系列化创作。在系列化创作的过程中可以延续和构建自己的某一个绘画思路，也可以用一个想法进行深入多角度的生发表现，系统地传达自己的想法。以下就是我创作的系列化作品。

在这一张草图当中，充满了无助的感觉，虽然表现的人物周围充满了各式各样的手，但我们发现其实没有一双手是温暖的。这就像我们受到伤害时低落的心情。

《金丝雀》系列速写之一

空洞而无助的眼神，即使有皇冠在头顶，仍无法逃脱被束缚的命运……

《金丝雀》系列速写之二

我们外表犹如金丝雀般的华丽，但内心却脆弱而敏感。我所渴望着自由，但当逃脱鸟笼的束缚之后，又开始变得惶恐不安。复杂质感的蕾丝、皇冠、珠宝以及装饰物背后的黑洞里，到底隐藏着什么样的秘密……

《金丝雀》系列速写之三

凌厉的眼神，像刀锋一样暗藏的杀机。时髦得冷艳而危险……

《魇》系列速写之一

《魇》系列速写之二

《魇》系列速写之三

我有时很轻，像气球一样的飘浮在空中，茫茫的天地间只有朵朵白云和一只小兔子陪着我……

《童话》系列速写之一

《童话》系列速写之二

4.7 创意的实现

以作品《苗蛊》来举例：

2018 年夏天我去了趟凤凰古城，被那里独特的建筑风貌所吸引。萌发了一种想要把民俗风格与现代时装结合的想法，这种结合不仅要体现在服装的设计中，还要体现在插画里。

于是我选择了三个时髦的女生，希望通过她们的演绎能将民俗与时尚结合起来形成一种新的感受呈现在这个系列里。苗绣、苗染、独特的苗家建筑都成为我创作的元素，一边在画的过程中一边感受"边城"的苗疆气息。

《苗蛊》系列速写之一

《苗蛊》系列速写之二

《苗蛊》系列速写之三

（1）灵感素材收集——古城凤凰的风土民情

湘西凤凰采风素材收集版

在画《苗蛊》系列之三时候，我想把凤凰苗族神秘而热烈的风俗民情与时尚进行碰撞与融合。因此在人物形象上塑造了一个当时非常流行的"奶奶灰"＋玫红发色的女孩形象，并让她带有苗族图腾的"龙"纹身。背景则用的是湘西凤凰独特的建筑风貌——沿河并依山势而建的"吊脚楼"群。在一片氤氲的晨雾当中，一个当下的苗家女孩在古老民族传统文化和现代时尚文化中，寻找属于自己的理解和风格。

人物的衣服图案在上色的过程当中进行了改变，是因为苗族蜡染的龙纹样过于繁复与细碎，上色后并不能达到很好的效果，因此对其进行了改动，变成了最后的完成图。

（2）草稿—绘制—完成
　　（水彩技法表现）

《苗蛊》系列速写之四

《苗蛊》系列之四上色过程

2019.3.11 Lixeching

第五章
表现步骤及技巧

5.1 绘画步骤与分解

　　在上色的时候我通常喜欢用两种媒介来表现，一种是水彩，另一种是马克笔。水彩的表现力很强，既适合大面积铺色又可以刻画精彩的细节，并且具有令人愉悦的晕染效果。水彩颜料与水混合在一起，会出现很多随机和意想不到的画面效果，这些效果会使画面增色并增加画面的丰富程度。马克笔是一种使用便捷的绘画工具，它适合快速表达，并且色彩浓烈笔触清晰，画面效果会有一种酣畅淋漓的速度感；我通常喜欢用它来绘制服装效果图。

　　同时，创作空间的营造也是绘画的一个基本起点，我通常喜欢在一个相对独处的空间里进行创作，在一切显得井然有序的条件下进行。

5.1.1 水彩头部上色示例一

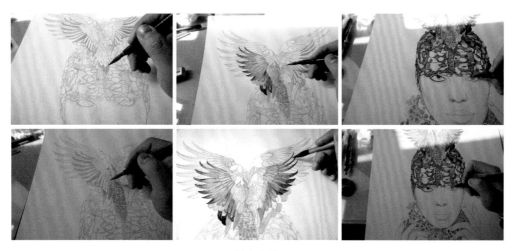

基本步骤

步骤一：铅笔线描稿

步骤二：水彩上色

步骤三：上色完成

5.1.2 水彩头部上色示例二

步骤一：白描线稿

步骤二：先从皮肤开始上色以分出明暗关系

步骤三：用较浅的玫红色进行头发的上色

步骤四：用群青加紫色进行衣服的上色

步骤五：开始刻画人物的五官，从眼睛开始

步骤六：开始给小蜥蜴上色，要注意蜥蜴的外轮廓线和结构的用色

步骤七：完成眼睛的刻画，开始刻画鼻子

步骤八：完成鼻子的刻画，开始进行嘴唇的刻画

步骤九：调整完成

5.1.3　水彩全身上色示例

步骤一：**铅笔线稿抓型**；图为人体正在走动的瞬间，要注意人体结构与动态，重心在右腿；同时还要注意手的姿态

步骤二：将画面较重的铅笔线，擦淡一些，开始用水彩笔进行肤色的绘制；注意被纱质衣服遮盖的肤色要浅淡一些

步骤三：开始进行服装的上色，注意图案与底色之间的关系

步骤四：由浅至深慢慢刻画人物头部以及服装细节

步骤五：开始进行鞋包的上色绘制。虽然鞋包与服装是同一种红色，但是因为质地的不同，在表现的时候要拉开色彩的明度；同样也会增加画面的丰富程度

步骤六：调整细节与完成

步骤七：略加一些背景，调整完成

水彩时装效果图一

水彩时装效果图二

水彩时装效果图三

5.1.4 马克笔全身上色示例

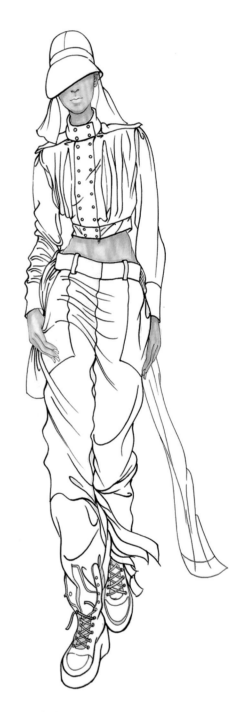

步骤一：铅笔线稿抓型；图为人体正在走动的瞬间，要注意人体结构与动态；同时还要注意手插口袋的姿态

步骤二：勾线笔勾轮廓线，主要强调线条的节奏感；然后进行肤色的绘制

步骤三：淡淡地上出第一层颜色；注意在褶皱和服装结构的地方表现体积感

步骤四：画出裤子的格纹；注意格纹要随着人体结构的变化而变化，不能画得太过整齐和呆板

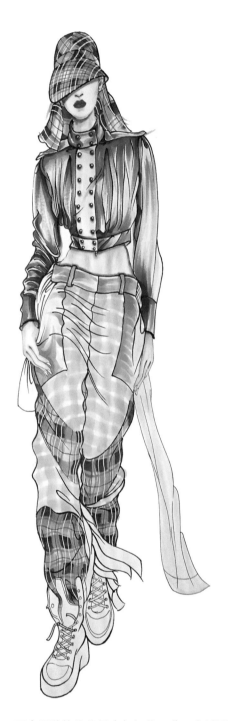

步骤五：画出服装格纹的层次与细节；进一步刻画服装的结构与体积

步骤六：提高光，调整画面

步骤七：调整完成

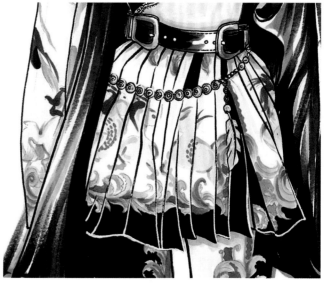

局部细节

马克笔时装效果图一

局部细节

马克笔时装效果图二

局部细节

马克笔时装效果图三

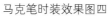

马克笔时装效果图四

局部细节

马克笔时装效果图五

局部细节

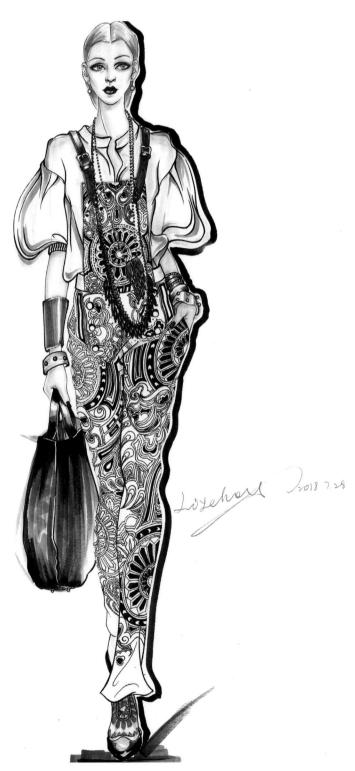

局部细节

马克笔时装效果图六

局部细节

马克笔时装效果图七

局部细节

马克笔时装效果图八

马克笔时装效果图九

局部细节

局部细节

马克笔时装效果图十

马克笔时装效果图十一

马克笔时装效果图十二

5.1.5 彩色铅笔全身上色示例

从这张秀场图来看，人体动态有些不稳可能是抓拍导致，因此抓型的时候笔者进行了一些修改，让人体看起来更顺畅也更美观。

莫斯科女装品牌 Yanina 2018 秋冬高级定制秀场抓拍

步骤一：铅笔线稿抓型，要注意人体结构与动态，图为人体正在走动的瞬间，重心在右腿；同时注意透明质感服装的用线感觉

步骤二：依次从人物脸部、上身、手臂、腿部开始绘制肤色；由浅至深表现皮肤的质感和结构体积

步骤三：脸部细节的深入刻画加上头发的绘制

步骤四：开始进行发饰、上衣图案、裤子的绘制；裤子主要表达丝绒的质感

步骤五：上衣网纱透明质感的表达与鞋子的刻画　　　　　步骤六：加背景，调整完成

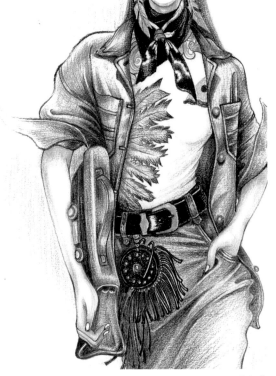

局部细节

彩色铅笔效果图一

彩色铅笔效果图二

局部细节

局部细节

彩色铅笔效果图三

局部细节

彩色铅笔效果图四

彩色铅笔效果图五

彩色铅笔效果图六

5.1.6 双人组合上色示例

步骤一：两人组合的铅笔稿抓型比单人要复杂，既要考虑人体结构是否准确，又要协调两人的姿态是否美观；所以在人物造型上要尽量多花一些时间去考虑与寻找

步骤二：用勾线笔钩好线之后从肤色开始上色

步骤三：脸部初次进行刻画，服装由里到外、由浅至深地上色，注意结构和边缘；同时刻画颈饰和鞋子

步骤四：头发和外套开始上色，注意留出高光色

步骤五：继续深入刻画

步骤六：把五官画得更加精致起来，刻画服装细节，画面提高光

步骤七：调整完成

双人组合一

双人组合二

双人组合三

双人组合四

双人组合五

双人组合六

双人组合七

蕾丝面料服装效果图

5.2　面料表现技巧

面料作为服装三要素之一，不仅可以表现服装的风格和特性，而且直接左右着服装的色彩、款式的表现效果。在服装大世界里，服装的面料五花八门、日新月异，但是从总体上来讲主要分为两大系列：一个系列为梭织面料，另一个系列为针织面料。梭织面料主要有棉布、麻布、丝绸、毛料呢绒、化纤、混纺、色织布等七大类；而针织面料又分为经编和纬编两大类；另外还有独特的皮革、皮草面料。在时装画的绘制过程中要对面料的特性、肌理、质感进行分析和把握，运用各种技法达到特定面料表现的相对准确性，同时又要兼顾视觉效果和艺术氛围。

现就几种特殊的面料材质的表现技法进行一些步骤分解示范。

5.2.1　蕾丝面料及表现步骤

蕾丝，英文 Lace 的音译，以线的相互打结、交错、编织，形成的一种以繁复镂空花纹为特点的透孔纺织品。有蕾丝风格的纺织品起源古老，但真正意义上的蕾丝直到 15 世纪才出现，16 世纪起在西欧广泛流行，并逐渐传遍世界。

16 世纪的欧洲正是巴洛克风格流行的时期，在巴洛克风格的影响下，蕾丝面料无论是技术方面还是样式种类都进入了最盛期。如今，蕾丝面料主要运用在婚纱、礼服以及女性内衣中，从最初手工编织的网眼花边，到机器大工业生产的服装面料，再到当代装置艺术，绽放不败。蕾丝面料的质地比较轻薄通透，给人的感觉神秘又具有艺术效果。

步骤一：先用铅笔勾勒出蕾丝的结构与花型，并在此基础上用水彩颜料上两遍淡淡的肤色

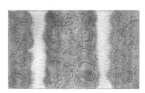

步骤二：用淡淡的黑色水彩画出蕾丝的底色，并注意蕾丝的边缘要更加深一些

步骤三：用针管笔勾勒并加深蕾丝花纹的形状

步骤四：用极细的针管笔画出蕾丝中的网纱肌理

5.2.2 皮革面料及表现步骤

皮革是人类使用的最古老的服装材料之一，一直为人们所钟爱。它不仅具有轻盈保暖的功能，而且具有独特的光泽感。皮革是经脱毛和鞣制等物理、化学加工所得到的已经变性、不易腐烂的动物皮。常用的皮革材质种类有：牛皮革、猪皮革、山羊皮革、绵羊皮革、马皮革等。

皮革面料服装效果图

步骤一：先用铅笔勾画出皮革褶皱的位置与走向，并用淡黑色先上两遍底色，留出褶皱的亮部和高光位置

步骤二：逐层加深，着重刻画褶皱明暗交界处的关系

步骤三：继续加深与刻画

步骤四：继续加深、刻画，直到褶皱过渡自然，能表现皮革既厚实又柔软的特质

5.2.3　毛线编织面料及表现步骤

毛线编织是一种传统的手工艺制衣方法，它将绒线交叉组织起来，常用于制作毛衣、坎肩、帽子、围巾以及裙、裤等服饰用品。毛绒编织物具有轻软、保暖性好、色泽鲜艳、花式繁多、经久耐用、携带方便以及可以翻新等特点。在当代社会毛衣的编织主要是运用毛衣编织机来进行生产，如电脑横机、电动横机等。

步骤一：用铅笔勾勒出毛衣的编织结构，并用水彩上第一遍底色

步骤二：用红色水笔勾描加深毛衣花纹的结构线

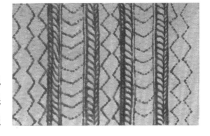

步骤三：用黑色针管笔沿着红色结构线进行更深层次的刻画

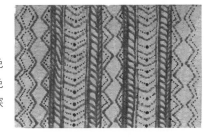

步骤四：最后用红色彩铅画出毛衣粗糙的质感

毛线编织面料服装效果图

5.2.4　牛仔面料及表现步骤

牛仔布（Denim），又称靛蓝劳动布，是一种较粗厚的色织经面斜纹棉布。经纱颜色深，一般为靛蓝色；纬纱颜色浅，一般为浅灰或煮练后的本白纱。

不得不提到的是，世界上第一条牛仔裤的发明者美国的犹太商人 Levi Strauss，他把一种织料粗糙的帆布引入美国，为当时的矿工制造了第一条 Levi's 牛仔裤，这种裤子因质地坚韧耐用十分契合工人的需要而迅速受到欢迎和推广。因此缔造了牛仔裤历史性的一页，同时也建立了一个牛仔文化的神话王国。

牛仔布面料服装效果图

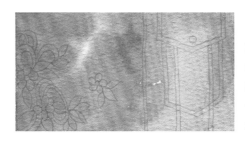

步骤一：首先用铅笔画出牛仔衣的结构与分割线，并用水彩淡淡地铺一层蓝色底，注意运用水彩的特性留白

步骤二：在服装结构线的位置加深，突出牛仔面料的结构特征

步骤三：用棕色勾线笔勾出花型的形状与细节

步骤四：最后用白色笔和金线笔画出牛仔花饰与铜钮；再用蓝色的彩色铅笔制造牛仔服的粗糙纹理

5.2.5 新型光感面料及表现步骤

近两年的秀场上有一种面料几乎席卷了所有大牌，从 Chanel 到 Maison Margiala，这种面料就是 PVC 面料。PVC 是 Polyvinyl chloride 的简称，其成分为聚氯乙烯，在我们日常生活中随处可见，常用于雨衣、玩具、凉鞋等。这种看似平常的材料在设计师的巧思下，成了近些年最时髦的新品。它不仅可以让服装具有科技的视觉感，还可以让服装更具有层次和流动的光感，使原本简单的服装款式变得更加流光溢彩。

步骤一：用铅笔勾勒亮片的位置与形状，并上第一遍底色

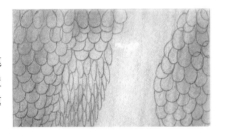

步骤二：用色彩逐个刻画亮片并注意虚实变化

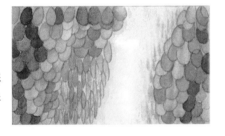

步骤三：继续深入刻画每一个亮片的细节

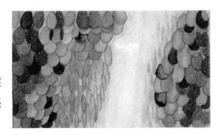

步骤四：用白色高光颜料给亮片加上高光与闪耀的光芒

新型光感面料服装效果图

5.3 实物、面料绘画对比示例

5.3.1 半透明面料

半透明材质的表现，要先把肤色画出来，再用轻薄的颜色进行覆盖，注意与肌肤相贴的面料颜色要更清透一些。

半透明面料实物与手绘对比

5.3.2　厚毛呢面料

冬天毛呢料，主要要画出其厚重的毛纺质感。我们可以在上好底色的基础上加一些肌理来进行表现。比如这张画面的黑色小点，就为黑色的水彩底增加了厚度，强调了面料的质感。

厚毛呢面料实物与手绘对比

5.3.3　细格纹西装面料

细格纹西装面料的表现，主要是在水彩底上用针管笔进行格纹的绘制。注意格纹要随着人体的起伏而变化。

细格纹西装面料实物与手绘对比

5.3.4 粗格纹棉衬衫面料

粗格纹棉衬衫面料较厚，也较软，在表现的时候要注意对面料形成的褶皱着力进行刻画。同时注意格纹的起伏，最后用高光笔进行细节提亮。

粗格纹棉衬衫面料实物与手绘对比

5.3.5 光感尼龙面料

光感尼龙面料的表现，核心在于随着面料的结构线与褶皱进行光感的明暗处理。

光感尼龙面料实物与手绘对比

5.3.6 手工钉珠面料

手工钉珠面料的表现，主要在于细致刻画工艺细节与绘制珠光排列形成的肌理。

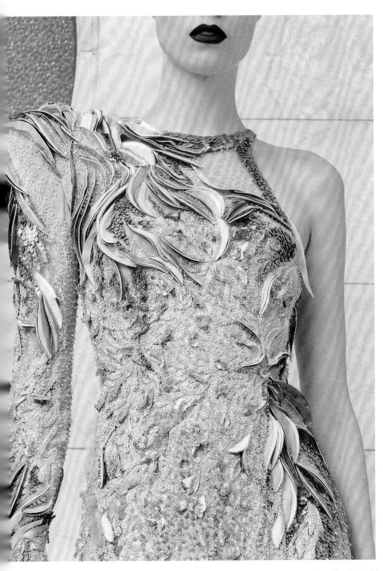 

手工钉珠面料实物与手绘对比

5.3.7　皮草毛绒面料

　　皮草毛绒面料的表现，需要刻画出皮草毛茸茸的质感。通常先画出皮草的大形，然后用水彩晕染分出明暗关系，再用勾线笔随着皮草生长的方向一根根地进行勾勒和提亮。

皮草毛绒面料实物与手绘对比

5.3.8 印花面料

印花面料的表现较为复杂，需要有耐心地去刻画每一个花纹。通常先上底色，再细致地刻画图案和花纹。

印花面料实物与手绘对比

5.4 时尚插画配色技巧

5.4.1 主色调不超过三种

在配色之前，我们需要给画面色彩定下基调，即主色调是以哪种颜色为主。通常而言，一幅插画的主色调除了黑白灰之外，不要超过 3 种，如果想要色彩更加丰富，尽量使用同类色和黑白灰这种无彩色。色彩不超过 3 种，是指不超过 3 种色相，比如深红和暗红即可视为一种色相。日本的设计师提出过一个配色黄金比例——70∶25∶5，其中的70% 为大面积使用的主色，25% 为辅助色，5% 为点缀色。

主色调不超过 3 种（加拿大插画师 Janice Sung 作品）

5.4.2 色彩"轻重"要平衡

色彩的关系：色彩搭配就是不同色相之间相互呼应、相互调和的一个过程，色彩之间的关系取决于在色相环上的位置。色相和色相之间的距离越近，则对比越弱；距离越远，则对比越强烈。

相邻色搭配：在色轮中位置相邻较近的就是邻近色，根据红橙黄绿蓝紫这六字顺序，相邻色搭配就是红＋橙、橙＋黄、黄＋绿、绿＋蓝……以此类推。相邻色因为比较邻近，有很强的关联性，组合在一起非常协调柔和，可使画面和谐统一，从而制造出一种柔和温馨的感觉。这种搭配视觉冲击力较弱。

互补色搭配：互补色是指色轮中位置相离较远的两种色。最为互补的就是呈180°角的两个色，在色轮上一共有三组，即：红色和绿色、黄色和紫色、蓝色和橙色。这三种色彩属于强烈配色的范围，视觉冲击力比较强，通常在搭配的时候需要降低纯度、明度或是面积比例大小来进行调和。调和得好的话画面会非常醒目，让人印象深刻。

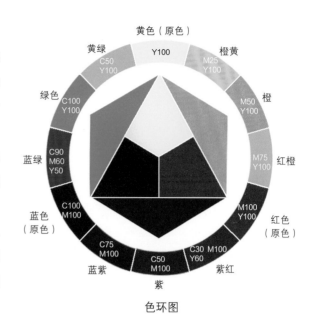

色环图

5.4.3　配色需渲染情绪

色彩是有情感的，优秀的配色可以起到渲染情绪唤起别人共鸣的作用，暖色调如红色、橘色给人传递的是热烈、活力、冲动的感觉，而冷色调如蓝色、绿色则给人稳重、理性、可靠的感觉，黑色、紫色则可以营造出神秘的氛围，配色需要针对不同情绪需求进行选择。

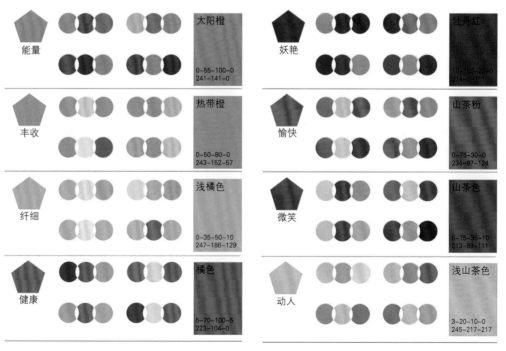

橙色系列情感色卡　　　　　　　　玫红系列情感色卡

5.4.4　配色色套案例

（1）浓郁哥特风配色

哥特式（Gothic）最早是文艺复兴时期为振兴古罗马文化，而用来区分中世纪时期（公元 5-15 世纪）的艺术风格的一种带有负面意味的称谓。文学上以恐怖、超自然、死亡、颓废、巫术、古堡、深渊、荆棘、黑夜、诅咒、吸血鬼等为标志性元素，这种揭示社会的邪恶和人性的阴暗面的文学视角，使哥特式风格常被惯以黑暗、恐惧、孤独、绝望的艺术主题，来往于内心世界神圣与邪恶的边缘，描绘在爱与绝望之间的挣扎。

哥特式被广泛地运用在建筑、雕塑、绘画、文学、音乐、服装、字体等各个艺术领域，逐渐形成了一种影响至今的风格。主要代表元素包括蝙蝠、玫瑰、古堡、乌鸦、十字架、鲜血、黑猫、教堂墓园等，其色调常以阴郁的黑色、暗蓝色、血红色、银白色等色彩为主。但哥特式建筑以卓越的技艺表现了神秘、崇高的宗教情感，以比例、光与色彩的美学体验对后世产生深远影响。

哥特风格流行趋势色卡（图片来源：WWW.MOSTREND.COM）

俄罗斯艺术家 Nastya Kuzmina 的哥特风配色插画

（2）莫兰迪色系

近年来流行的"莫兰迪色"源于意大利画家莫兰迪（Giorgio Morandi）的一系列静物作品，这些作品色调多采用素淡冷静的灰调，显得高雅理性。静静地释放着最朴实的震撼力和直达内心的快乐与优雅。

莫兰迪色系其实是一个庞大的高级灰彩色系，即在色彩中加入一定比例的灰色，降低色彩的纯度和饱和度，但同时增加了颜色的质感。在做配色时，需要根据喜好色系或冷暖的需求再做具体细分搭配。在一组配色中，以一种颜色作为主色调，再选取一种或两种色相的三四种颜色作为搭配，其中会大量使用中性互补色和近似色，让视觉获得一种完美的平衡感。这样配色的时尚插画虽不张扬，但颜色并不单调，相互制约、抵消，最能给人一种静态的和谐美。

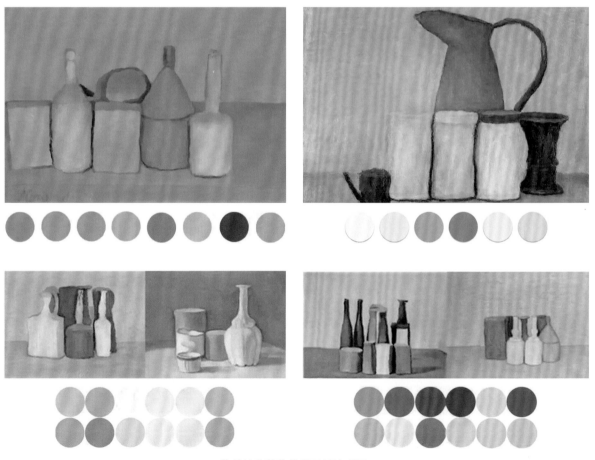

莫兰迪的静物作品及配色提取

纽约插画师凯莉·比曼（Kelly Beeman）的莫兰迪色系插画

（3）清新简约风配色

清新简约风给人自然清新、简单舒服的感觉，犹如微风拂面一般。这种风格的配色在
插画中最为常见，也是运用最多的一种配色方法。

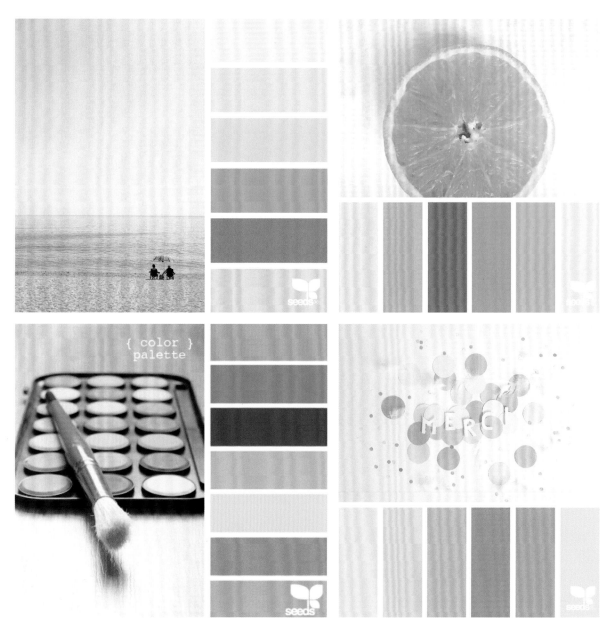

色彩网站 design-seeds 的清新简约风格配色色卡

清新简约风格配色插画

（德国柏林时尚插画师 Ekaterina Koroleva 水彩作品）

第六章
作品的系列化表现

作品的系列化表现，是时装插画师在艺术生涯中不断进取和不断完善过程中的阶段性成果，是成组成套地呈现着主体的创作真诚及内在表达的精神产品。历史上许多时装插画艺术家都有创作系列作品的经历，往往通过一个画家的系列作品可以感受其语言风格、价值观念、个性气质和情感主张等。艺术家在创作系列绘画时主体性创作意识会不断得到加强，系列作品也更具精神世界的表现性。

作品的系列化表现来自于创作主体意识的生发，是其内心世界一种迸发的力量。艺术家往往不满足于在一个主题上浅尝辄止，而需要对其深化并衍变出多种可能性，丰富其形式内容后，才会善罢甘休。正是由于在一系列作品中反复尝试，不断调整思想的切入点，找寻完美的平衡，才能达到一些不可预期的潜在效果，进入全新的境界。

6.1 《花解语》系列

这三张中国风的时装插画系列灵感来自于王实甫《西厢记》杂剧第一本"张君瑞闹道场"的第二折："娇羞花解语，温柔玉生香。""花解语"常用来形容美人如花。

《花解语》系列三幅

《花解语》系列之一

《花解语》系列之二

《花解语》系列之三

6.2 《惊鸿》系列

这一系列作品是在向我非常喜欢的一位服装设计师亚历山大·麦昆致敬。麦昆非常喜欢鸟类，在他的很多期作品发布中都把鸟类作为灵感来源进行设计。这源于他童年的不幸，因为长期遭受父亲的家暴，麦昆小时候会常常把自己关在房间里，花好长时间趴在窗台上观察鸟类飞翔的姿态。自由飞翔的鸟类在那一时期便成了他的精神寄托。成年后，他的很多作品都与鸟类有关，借由每一次的发布会向我们展示与演绎一个又一个鸟与人的奇幻故事。

我也借由这三张作品进行了换位思考；"笼外鸟，笼中人"，一个局限、桎梏与悲哀的故事。

《惊鸿》系列三幅

《惊鸿》系列之一

《惊鸿》系列之二

《惊鸿》系列之三

6.3 《我的异想世界》系列

每一个女孩心中都有一个属于自己的奇幻王国。这个王国每天在发生着各种奇妙事情，每一个小动物都可能会告诉你一件"在很久很久以前……发生的事情"。

《我的异想世界》系列

《我的异想世界》系列之一

《我的异想世界》系列之二

《我的异想世界》系列之三

《我的异想世界》系列之四

《我的异想世界》系列之五

《我的异想世界》系列之六

6.4 《苗蛊》系列

　　湘西，这个从古至今就一直蕴藏着神秘气息的地方，着实让人着迷。这里有着巍峨连绵的大山，也有着蜿蜒澎湃的大江，走进"她"就如进入世外桃源般的美丽。从小就听说过苗人放蛊的传说和各种故事，有些是邪恶与害人的，但也有些蕴藏着美好爱情。神秘与朴素的自然或许就是最诱人的地方。

　　本系列作品就是想表达这种神秘与野性的感觉，一个坚强、勇敢且特立独行的女孩。她们从传统中来但又不拘泥于此，希望找到属于自己的生活方式。

《苗蛊》系列三幅

《苗蛊》系列之一

《苗蛊》系列之二

《苗蛊》系列之三

6.5 《虎头帽女王》系列

在一次逛服饰博物馆时，偶然发现了这顶色彩斑斓、憨态可掬的虎头帽，便被它所吸引。驻足了好久，决定回家之后画一组跟它相关的时尚插画，便有了这组《虎头帽女王》。希望通过该系列把女孩天真烂漫且又略带时尚的味道传递出来，展现一种傻白甜、萌呆美、独自开怀的小女人状态。

《虎头帽女王》系列三幅

《虎头帽女王》系列之一

《虎头帽女王》系列之二

6.6 《MY QUEEN》系列

　　每个女孩的梦里都住着一个美丽纯洁的女王。我心中的女王不仅仅只有端庄、威严、盛气凌人的一面，同时也有天真活泼的一面，如同鬼马精灵一般机灵古怪、调皮又可爱。因此在这一系列作品中，我努力通过手中的画笔去演绎一个充满童趣的女王形象。

《MY QUEEN》系列之一

《MY QUEEN》系列之二

6.7 《忆·敦煌》系列

　　无言的敦煌让我感受到了千年的喜悦与哀伤。虔诚的工匠与画师通过创作让自己美好的心愿跨越到了一千六百多年后的今天，让每一位拜访者为之惊叹与感动。

　　我是一个很少出远门的人，通常习惯待在自己熟悉的地方。敦煌对于我来说曾是一个非常遥远的城市，只在书中领略过"她"的风采。虽也曾幻想过黄沙漫天与洞窟中瑰丽无比的奇景，但当我真正来到"她"的面前时，发现远比自己在书上看到的要震撼得多。面对着那些斑驳的彩塑与壁画，感到无比的敬畏。"她"的体量之大、形象之丰富都让人惊叹不已！"她"的每一块颜色、每一根线条都让我忍不住去猜测"她"当年的模样，以及所历经的人与事情。那些洞窟中的佛教故事也让我突然间感悟到了许多从未想过的人生哲理，让自己也变得更加豁达、纯净而深远……感谢 2019 年的敦煌之行。

　　敦煌是东西方文化的交汇点，在多种文化的撞击与融汇中形成了自己独特的艺术语言与风格；对于我来说，最迷恋的还是她的图案和色彩。此后回到江南，每每回忆起敦煌脑海里浮现的总是各种图案的形象。于是，便提笔创作了《忆·敦煌》系列作品。

《忆·敦煌》系列之一

《忆·敦煌》系列之二

《忆·敦煌》系列文创产品运用

6.8 《游目》系列

时尚商业插画的两个系列《游目》与《午后》均是为广东雅迪斯品牌而创作的。该品牌风格主要为现代、简约的都市风。因此我在创作这些插画的时候更多考虑的是如何让画面能诠释该品牌的风格，突出当季产品的特点。所以在人物设定和场景选择上多选用现代都市女性熟悉的形象与场景来创作，更多地贴近生活和享受生活。

例如，在午后的休闲时光里慢条斯理地来一杯咖啡，并品尝一个精致的小甜品，阅读几段优美的文字，让思绪徜徉在这种充满咖啡香的音乐里。

《游目》系列之一

《游目》系列之二

《游目》系列之三

6.9 《午后》系列

　　午后的风带着一丝暖意吹了起来，它拂过女孩散落的长发，发丝也随着轻舞起来；它拂过小狗的脸庞，小狗闭上眼睛闻到了花香与面包香，扬起还是绒毛、带着稚气的小脑袋；它拂过我的笔尖，哦～原来这是夏天的颜色……

《午后》系列之一

《午后》系列之二

《午后》系列之三

第七章

网络流行时装画风格介绍

7.1 草图风格

　　草图风格会给人一种"不完整的生动感"，画面的表现技法显得简单而生涩。但也是因为这种简单生涩的感觉可以较好地衬托出画面的主体，在众多的成熟技法中别有一番风味。

嘉兰丝·多尔（Garance Dore）的草图风格时尚插画

　　嘉兰丝·多尔（Garance Dore）是巴黎著名博主、时尚插画师和摄影师。在她的画作里，穿着时髦靓丽的摩登女孩儿们也多了一份慵懒和迷人，几笔简单的线条，几抹随意的亮色，就能稳稳地抓住画中人的神韵，让人过目难忘。第一次觉得画里的人也可以这么慵懒性感。看似只是几笔简洁线条的勾勒，却稳稳地抓住了人物的动态及神韵。无论是穿衣搭配还是插画风格都是法式的经典代表。

嘉兰丝·多尔的时尚插画系列

7.2 写实风格

写实是指据事直书、如实地描绘事物，或照物体进行写实描绘，并做到与对象基本相符的境界，把那些最需要表达的东西表达清楚。写实绘画在艺术形态上属于具象艺术，是绘画的一种表现手法。

在时尚插画中也有许多写实主义表现风格的艺术家。如马蒂娜·约翰娜（Martine Johanna），一位荷兰艺术家，她曾经在 Amhem 艺术学院学习服装设计，毕业之后马蒂娜·约翰娜做了几年服装设计，这影响了她对女性形象的描绘。她通常在亚麻和木材上作画，面积往往超过两米；喜欢用生动、成熟和多彩的笔触来描绘现代女性，擅用丙烯颜料和冷暖对比色来勾勒人物线条，画面色彩饱和度极高。马蒂娜·约翰娜说自己自从有意识以来，一直在试着解释和分析自己周围的一切事物，尝试绘画并在脑海中虚构各种故事。她的画作是复杂的，她将自己的情绪通过色彩和笔触表现在画布上。每一幅就像一部传记，反映了她个人的梦想、思想和感情，还有对女性的心理发展和社会关系的探索。马蒂娜·约翰娜在荷兰及国外有着广泛的艺术成就，其时装画作品充满着神秘的叙事性，通常作为艺术品在拍卖行出现。

马蒂娜·约翰娜及其插画作品

7.3 国画水墨风格

运用国画水墨技法来进行时尚插画创作。墨和生宣是中国画特有的材料，当加入水的介质，墨在宣纸上就变得灵动多变，水墨的浓、淡、干、湿、枯、焦、宿将服装的色彩、材质、款型、形式进行了新的演绎，呈现出一种东方世界独有的"墨韵之美"。

艺术学博士、深圳大学艺术设计学院教师周乾华《胭脂味》系列作品

中国美术家协会会员、南京艺术学院美术学院插画系教师周尤《空·间》系列作品

7.4 水彩渲染风格

水彩颜料透明度高，可以和水墨渲染一样采用"洗"的方法渲染。在控制水分的前提下多次重复用几种颜色叠加便可出现既有明暗变化、又有色彩变化的退晕。渲染是水彩画比较重要的技法，掌握这种技巧，最重要是对水的控制。

kelogsloops 本名 Hieu Nguyen，出生于澳大利亚墨尔本，是一位 95 后年轻插画师。从小就喜欢画画，最早是在学校里用素描本和练习本画。14 岁时，开始进行数码绘画。后来受到意大利插画师 Silvia Pelissero 的作品启发，Hieu2012 年开始学习水彩绘

来自 KelogSloops 的国画水墨风格时尚插画

画。混沌的原始手法、美丽的色彩混搭，不可预知的随机性，这些与数码绘画恰恰相反的特质，让他爱上了水彩绘画。大学时，攻读动画专业，他能从任何有创意的渠道找到灵感，如一支词曲、一个色号、一件事物的颜色、一种背景、一种情绪、一种感觉、一幅照片、一段视频、一部电影等；可以是来源于任何东西。Kelogsloops 的作品色彩鲜艳、活泼、飘逸、奔放，画面添加了一些设计感东西，打破了沉闷单一的色彩，整体看起来灵动丰富。在他看来，"艺术作品与观众之间的情感联系，就像视觉在对话一样。"作品需要共鸣，由自己在生活里的各种阅历驱动，不管是对过去的、对当下的、还是对未来的；比如心碎的感觉，或童年的纯真，这些都是人们能够理解，但往往很难用语言沟通的。

kelogsloops 的水彩渲染插画

7.5 卡通风格

卡通风格是指用夸张和提炼的手法将原型再现，具有鲜明原型特征的创作手法。用卡通手法进行创意需要设计者具有比较扎实的美术功底，能够十分熟练地从自然原型中提炼特征元素，用艺术的手法重新表现。卡通图形可以滑稽、可爱，也可以严肃、庄重。

现居伦敦的法国自由插画师西比林·梅奈（Sibylline Meynet），其作品大多是以唯美的女孩形象为主，浪漫、梦幻是主旋律。西比林·梅奈笔下的女孩造型千变万化、姿态可爱动人；装饰点缀元素清新自然，以花卉、星辰为主；色彩搭配上简单和谐，通常不超过三种色调。她喜欢 20 世纪 60 年代的事物，所以她的作品能感受到浓浓古典浪漫的氛围。画风偏向漫画的风格，却不是印象中的日本动画风格。她笔下的女生展现了风情万种的姿态，就像是花一样的美好的存在。

西比林·梅奈的卡通时装画系列

7.6　扁平风格

　　扁平化概念的核心意义是：去除冗余、厚重和繁杂的立体凹凸效果。在绘画和设计元素上，强调抽象、极简、平面和符号化，让要传达的"信息"本身重新作为核心被凸显出来。扁平化风格在造型简洁的前提下，通常采用比其他风格更明亮更炫丽的颜色来进行搭配，效果显得更加明确，对比性强而极具装饰意味。

Bley Design 的时装画系列

　　说到扁平化风格特征的时尚插画，不得不提一位日本版画艺术家鹤田一郎。1954 年出生于日本熊本县渡町广濑，高中就读于日本多摩美术大学平面设计科。毕业后就去了多摩美术大学的图形设计系当插图画家，也从事唱片封面、广告等多方面的工作。他笔下的女人充满着古典美透露着不可言说的神秘感，并将东方女性冷艳、典雅之美刻画到了极致，不仅在于容颜的精致温婉，也是欲语还休的娇羞，更是绝世独立的气质。不同于油画的追求细腻写实，不同于水粉画的追求水与色彩的交融，更不同于素描追求的黑白灰的造诣。他的作品线条简洁、画面整洁、着色划分明显、色彩鲜艳，细微之处让人无可挑剔，举手投足间散发出岁月浸润的味道，如镜花水月般透出朦胧的曼妙。此外，他的画风也深受日本浮世绘的影响，是东方古典美风格插画的代言人；但是他的这种风格并不古朴陈旧，反而有着十分经典的时髦感。就如同鹤田一郎先生自己所说"我曾一度认为自己生错了年代，因为我认为我的审美是在往回倒，可是后来我才发现自己是幸运的，在这个高度自由的时代，古典美绝不会因为时代而显得格格不入，反而历久弥新。"

日本版画艺术家鹤田一郎系列作品

POSTSCRIPT

后 记

初学服装设计时就被美轮美奂的时装画所吸引，幻想着有一天自己能画一手绝美的时装画时，就出版一本书，枕着这样的梦想度过了大学四年。这个宏愿随着生活的奔波和琐碎而一拖再拖，直到 2011 年再次回到江南，在周先生的影响下又开始拿起笔画我的"小人儿"。时装画不仅是表达服装的工具，而且是比服装本体更广泛、更自由、更能表达自我的一种方式。我喜欢徜徉在这个的世界里无拘无束、畅快淋漓，放飞想象。它在我的人生中是一种非常美好的存在，犹如圣洁的光芒闪耀在我灵魂的深处，使平凡的日子多了许多快乐。这本书对我而言，是为了给平凡的日子做个标记，也是对自己的热爱与执着做阶段性的收集和梳理，向更好的自己努力前行。

从磨炼技法到成系列的创作，然后再到编写成书，算算用了大概十年时间。十年很长也很短，长到让一个女人结婚生子跨越到人生的另一个阶段，而又短到仿佛如昨……本书从人体比例、头、手、脚的基础技法开始到色彩的运用，再到系列创作，都有较完整的介绍，希望能够给喜欢时装画的朋友们做个参考，也希望有更多的人喜欢时尚插画并参与到创作中来。

在此书出版之际，有许多感谢的话要说。首先要感谢我的导师吴洪教授在百忙当中拨冗为本书作序，也感谢他在我研究生毕业后一直以来的关照和引领，在今后的学术道路上我会继续践行他的专业理念和研究理想。其次，要感谢周先生一直以来的敦促和包容。他是个很温和的人，和他生活在一起有种润物细无声的感觉，他对专业的热爱、勤奋和执着都在无声地影响着我。我想这种对专业的敬畏心就是一个绘画工作者能够不断前行最原始的动力和最纯良的品质吧。当然，最需要感谢的是中国纺织出版社的编辑们，她们在本书编著期间给了我很多有益的建议和意见，并一直推动者这本书的出版进程，对我能力的提升和本书的诞生帮助最为直接。再次感谢所有给过我帮助和鼓励的人。

谨以此书献给我的专业启蒙老师，我的母亲。

李叶红于江南洛水河畔

2021 年 2 月 7 日